绿色水产养殖典型技术模式丛书

多营养层次

综合养殖技术模式

DUOYINGYANGCENGCI
ZONGHE YANGZHI JISHU MOSHI

全国水产技术推广总站 ◎ 组编

U0246507

中国农业出版社
北 京

 丛书编委会

DITORIALBOARD

本书编写人员

丛书序
Preface

····

　　绿色发展是发展观的一场深刻革命。以习近平同志为核心的党中央提出创新、协调、绿色、开放、共享的新发展理念，党的十九大和十九届五中全会将贯彻新发展理念作为经济社会发展的指导方针，明确要求推动绿色发展，促进人与自然和谐共生。

　　进入新发展阶段，我国已开启全面建设社会主义现代化国家新征程，贯彻新发展理念、推进农业绿色发展，是全面推进乡村振兴、加快农业农村现代化，实现农业高质高效、农村宜居宜业、农民富裕富足奋斗目标的重要基础和必由之路，是"三农"工作义不容辞的责任和使命。

　　渔业是我国农业的重要组成部分，在实施乡村振兴战略和农业农村现代化进程中扮演着重要角色。2020年我国水产品总产量6 549万吨，其中水产养殖产量5 224万吨，占到我国水产总产量的近80%，占到世界水产养殖总产量的60%以上，成为保障我国水产品供给和满足人民营养健康需求的主要力量，同时也在促进乡村产业发展、增加农渔民收入、改善水域生态环境等方面发挥着重要作用。

　　2019年，经国务院同意，农业农村部等十部委印发《关于加快推进水产养殖业绿色发展的若干意见》，对水产养殖绿色发展作出部署安排。2020年，农业农村部部署开展水产绿色健康养殖"五大行动"，重点针对制约水产养殖业绿色发展的关键环节和问题，组织实施生态健康养殖技术模式推广、养殖尾水治理、水产养殖用药减量、配合饲料替代幼杂鱼、水产种业质量提升等重点行动，助推水产养殖业绿色发展。

为贯彻中央战略部署和有关文件要求，全国水产技术推广总站组织各地水产技术推广机构、科研院所、高等院校、养殖生产主体及有关专家，总结提炼了一批技术成熟、效果显著、符合绿色发展要求的水产养殖技术模式，编撰形成《绿色水产养殖典型技术模式丛书》。《丛书》内容力求顺应形势和产业发展需要，具有较强的针对性和实用性。《丛书》在编写上注重理论与实践结合、技术与案例并举，以深入浅出、通俗易懂、图文并茂的方式系统介绍各种养殖技术模式，同时将丰富的图片、文档、视频、音频等融合到书中，读者可通过手机扫描二维码观看视频，轻松学技术、长知识。

《丛书》可以作为水产养殖业者的学习和技术指导手册，也可作为水产技术推广人员、科研教学人员、管理人员和水产专业学生的参考用书。

希望这套《丛书》的出版发行和普及应用，能为推进我国水产养殖业转型升级和绿色高质量发展、助力农业农村现代化和乡村振兴作出积极贡献。

丛书编委会
2021 年 6 月

前　言
Foreword

· · · ·

　　水产品为人类提供了优质且丰富的动物蛋白，目前全球渔业资源总体呈现衰退趋势，近93％的渔业资源已处于被过度捕捞或完全捕捞的状态，而水产养殖是增加水产品总量的有效途径。我国是世界第一水产养殖大国，2020年养殖总产量5 224万吨，约占世界水产养殖总量的70％。近年来，我国水产养殖一直保持良好发展态势，产量持续增长，但仍然存在养殖方式粗放、养殖物种单一、病害问题频发、产品品质不高等问题，制约了产业的健康、可持续发展。随着新时期"绿水青山就是金山银山"绿色发展理念的提出以及农业农村部等十部委《关于加快推进水产养殖业绿色发展的若干意见》的出台，水产养殖业亟待转型升级，走上绿色发展之路。

　　多营养层次综合养殖（Integrated multi-tropic aquaculture，IMTA）可以有效促进水产养殖系统内部物质转化和循环利用，是一种高效、健康、可持续发展的养殖模式，一直以来都被国内外大力倡导并积极推行。这种养殖模式主要通过科学搭配多营养层级的水生动植物，利用养殖生态位互补的特点，实现稳定水质、循环利用营养物质、生态防病、提升养殖水产品质量安全、提高养殖效益等目的，同时还有利于减少养殖水体氮磷排放。为推动多营养层次综合养殖技术模式在全国范围内的广泛应用，提升水产养殖综合效益，农业农村部2020年水产绿色健康养殖"五大行动"之一——水产生态健康养殖模式推广行动方案将该技术模式列为重点任务进行部署，引导各地提升认识并因地制宜、科学合理地开展示范推广工作。

本书分海水篇和淡水篇，介绍了我国海水和淡水养殖中应用的典型多营养层次综合养殖技术模式，分别从发展现状、关键要素、典型案例，以及经济、生态和社会效益分析等方面进行介绍。全书共计十一章，分别由国内相关领域专家负责撰写，参编单位有全国水产技术推广总站、中国水产科学研究院黄海水产研究所、中国海洋大学、浙江万里学院、中国水产科学研究院南海水产研究所、宁波大学、中国水产科学研究院渔业机械仪器研究所、中国水产科学研究院珠江水产研究所、华中农业大学、中国水产科学研究院淡水渔业研究中心、中国科学院水生生物研究所、湖北省稻田综合养殖工程技术研究中心。

期望本书能够为广大水产养殖户、养殖企业、水产技术员、水产推广系统工作人员，以及渔业行政管理人员和对水产养殖感兴趣的读者提供指导和参考，为我国水产养殖绿色、高质量发展发挥积极作用。

由于时间所限，书中存在纰漏和不足之处在所难免，敬请广大读者批评指正。

编　者

2021 年 6 月

目 录
Contents

■ ■ ■

第二篇　淡水养殖

第一篇
海水养殖

第一章

海水池塘虾蟹贝鱼多营养层次
生态健康养殖模式

第一节 模式介绍

一、模式概述

池塘养殖是我国海水养殖重要的养殖方式，2020 年养殖面积 617 万亩[*]以上，养殖产量 257.4 万吨。海水池塘养殖具有分布面积广、养殖品种多、经济效益高等特点，单个养殖池面积一般较大（50 亩左右），养殖品种以虾蟹为主。

我国海水池塘建设始于 20 世纪 80 年代，随着我国第二次"海水养殖浪潮"——中国对虾规模化养殖的兴起而不断发展，以开放式水系统、单品种、粗放式养殖模式为主。目前海水池塘普遍存在设施简陋、水资源浪费大、进排水渠道存在交叉污染等问题，这种过度依赖投饵养殖、大排大灌的传统粗放式养殖管理方式一直沿用至今。由于养殖生产过程中投入饵料中氮磷的利用率仅为 20% 左右，有相当部分氮磷不能被养殖生物所利用而沉积池底或随养殖尾水排放，不仅导致养殖池塘有机污染日益加重、病害难以控制、产品质量存在安全隐患，还给海水池塘养殖业造成巨大经济损失。同时，大量氮磷污染物排放也导致附近水域富营养化，对周边环境生态系统造成负面影响，引起社会广泛关注。

多营养层次综合养殖可以有效促进水产养殖系统内部物质转化和循环利用，是一种高效、健康、可持续发展的养殖模式，一直以来都是国内外大力倡导并积极推行的健康水产养殖理念。在海水池塘开展

---

[*] 亩为非法定计量单位，15 亩＝1 公顷，下同。——编者注

多营养层次综合养殖主要是依据不同养殖生物间共生互补原理，将虾（蟹）、贝（参、蛏）、鱼、藻等营养层级不同、养殖生态位互补的生物进行整合，充分利用池塘物质循环系统，有效维持生态平衡，从而实现持续、健康、高效养殖。中国水产科学研究院黄海水产研究所基于多年研究积累建立的海水池塘虾蟹贝鱼多营养层次生态健康养殖模式，是适合我国北方海水养殖生态环境特点的一种典型池塘多营养层次综合养殖模式。该模式以虾蟹为主要养殖对象，在同一池塘中合理搭配不同营养层级的、养殖生态位互补的滤食性贝类和杂食性鱼类等，充分利用蟹类、鱼类等摄食病虾防止疾病传播，贝类滤食水体中的有机碎屑，浮游生物调节水质的特点，并配合养殖环境调控、养殖动物免疫调节、饵料生物应用、养殖废物资源化利用、药物安全应用等一系列技术管理措施，有效提高海水池塘养殖效率，在不扩大养殖面积的基础上增加了养殖总产量。养殖虾类主要包括中国对虾、日本对虾、凡纳滨对虾（俗称南美白对虾）、脊尾白虾等，蟹类主要包括三疣梭子蟹和拟穴青蟹，贝类主要包括菲律宾蛤仔、缢蛏、硬壳蛤等，鱼类主要包括半滑舌鳎、河鲀、黑鲷、虾虎鱼、梭鱼、篮子鱼等。该养殖模式在山东青岛、日照，浙江宁波和江苏南通等地示范应用，节能减排效果明显，产业化前景广阔。"海水池塘多营养层次生态健康养殖技术"2014年起被遴选为农业部主推技术，在我国沿海地区进行推广应用，经济、社会、生态效益显著。"虾蟹多营养层次绿色养殖关键技术与示范"研究成果获2019年山东省科技进步一等奖。

二、模式原理

传统的海水池塘养殖以单品种、粗放式、开放式水系统为主要特点，虾蟹类由于抱食啃咬的独特摄食行为以及相对较短的消化道结构，导致其对饵料营养物质的转化利用率往往不足20%。大量残饵、粪便等养殖废物不仅容易污染水体，造成有机质、氨和亚硝酸盐等浓度过高，威胁养殖生物生长，而且容易诱发病害，严重影响养殖产量和水产品质量安全，同时富营养化的养殖尾水排放后也引发一系列生态环境问题。多营养层次养殖是一种健康的、可持续发展的海水养殖新理念，这种模式对于提高营养物质循环利用率、促进养殖生产持续高产、保障海产品质量安全、减轻养殖环境压力等具有显著的作用，而虾蟹贝鱼多营养层次生态养殖模式正是转变传统海水池塘粗放式养殖，实现绿色发展的主要方向之一。

海水池塘虾蟹贝鱼多营养层次生态养殖模式体现了物质高效循环、转化的理念。虾蟹贝鱼多营养层次生态养殖系统是由环境和不同营养层级生物群落共同组成的和谐共生的统一体，主要是基于养殖生物的生态学特征和池塘的养殖容量合理搭配物种。除了虾蟹等投饵性主养动物外，还增加了滤食性贝类、肉食性鱼类、藻类、小型饵料生物、细菌等不同营养层级生物，利用物种间的食物网关系实现物流、能流的有效利用。同时，在养殖过程中综合运用微孔增氧、有益菌和藻类调控、养殖尾水处理等关键技术，不仅维护良好的池塘养殖水环境，也减少了富营养化养殖废水的排放。在这种独特的养殖生态系统中，投饵性养殖动物产生的残饵、粪便、代谢产物等有机或无机物质不再简单地被视为危害养殖生态系统的"负担"，它们在微生物的作用下被分解、转化，或直接成为其他养殖生物（如滤食性贝类、大型藻类，以及部分沉积食性生物）的食物或营养来源，变成可利用的营养资源，实现转化，变为养殖副产品，增加了池塘养殖总产量，在减轻养殖活动对水环境负面压力的同时也提高了养殖系统的多样性和经济效益。菲律宾蛤仔、缢蛏、硬壳蛤等滤食性经济贝类在这种养殖生态系统的物质循环过程中扮演着极其重要的角色，是主要的驱动者。贝类主要依靠滤食池塘中的悬浮有机颗粒物、浮游植物等为自身生长提供必要的物质和能量，而虾蟹残饵、粪便等过量的养殖污染物在微生物的作用下恰好能被分解转化成小颗粒有机物或溶解性无机营养盐等。小颗粒有机物能够被贝类直接滤食吸收，而营养盐则为池塘中浮游植物的持续生长提供了物质基础，浮游植物进而可被贝类摄食，转化为贝类生物质。因此，整个养殖过程中无需额外投入肥料或微藻，也可满足这些滤食性贝类的正常生长。

海水池塘虾蟹贝鱼多营养层次生态养殖系统由 3 个营养级构成。营养级 1 包括初级生产者、配合饲料、冰鲜饵料和碎屑等，贝类和细菌等属于营养级 2，虾、蟹和半滑舌鳎为营养级 3。中国对虾有效营养级为 2.32，三疣梭子蟹为 2.25，半滑舌鳎为 2.49，贝类为 2.02。该养殖系统中，95% 的浮游植物和 40% 的悬浮有机物被贝类等吸收利用，养殖系统氮利用率为 44%，较单养提高 1 倍，而池塘沉积

（19.6％）和排水（25.0％）氮所占比例均显著降低，养殖总体经济效益提高40％。

海水池塘虾蟹贝鱼多营养层次生态养殖模式充分体现了病害生态防控的理念。在传统海水池塘集约化养殖模式下，由于养殖密度较高、水质较差，虾蟹长期受到环境胁迫而处于亚健康状态，容易暴发病害。采用虾蟹贝鱼多营养层次生态养殖模式，在通过饵料营养强化实现增强虾蟹自身免疫力的基础上，池塘中放养的三疣梭子蟹和半滑舌鳎、鲻、梭鱼等不仅可以采食利用残饵，避免水质恶化影响虾蟹健康，还可以在对虾病害发生早期通过捕食活力弱、行动缓慢的患病对虾，有效控制病原传播，提高养殖对虾成活率，也减少或避免了药物的使用。此外，半滑舌鳎、篮子鱼、鲻、梭鱼等鱼类活动有助于搅动水体，能够促进沉积物水界面微生物的生长和代谢活动，达到改善水质的效果。因此，海水池塘虾蟹贝鱼多营养层次生态养殖模式能够有效利用生态防控，明显减少病害发生。

海水池塘虾蟹贝鱼多营养层次生态养殖模式体现了空间立体利用的理念。虾蟹贝鱼多营养层次生态养殖在传统虾蟹养殖池塘中增加了贝类、鱼类、小型饵料生物、浮游生物等在水层空间分布上存在差异的物种，通过合理利用不同物种在栖息水层、食性和活动习性等方面互补的特点，构建"水中有鱼、池底有虾、泥里有贝"的立体养殖，提高了池塘养殖空间利用效率，达到养殖空间资源立体化高效利用的目的，对保护珍贵的水土资源也有积极意义（彩图1）。

第二节 技术和模式发展现状

一、国内发展现状

作为一种健康、可持续发展的水产养殖新理念，多营养层次生态养殖对于提高营养物质循环利用效率、促进养殖产品持续高产、减轻养殖环境压力、实现清洁生产等具有显著的作用，一直以来都是国内外学者们大力倡导并推行的健康水产养殖理念（Neori et al.，2004；Martínez-Porchas et al.，2010；唐启升等，2013）。目前，中国、加拿大、美国、新西兰以及挪威等国家均视其为未来水产养殖的发展方向并开展重点研究。

我国海水池塘养殖历史从明代黄省曾所著的《鱼经》算起已有 400
多年。早期，人们将海湾围成数百亩或更大的池塘，创造性地利用潮
力，形成了最经济、方便的纳苗方法，发展了北方称为"港养"、南方
称为"鱼埕"的养殖类型。20 世纪 70 年代后池塘精养逐渐增多，养殖
品种涉及鲻、梭鱼、遮目鱼、罗非鱼等。海水池塘规模化养殖始于 20
世纪 70 年代的中国对虾大规模养殖。1979 年，国家水产总局开始推广
对虾育苗和养殖研究成果，在全国沿海掀起了大规模对虾池塘养殖热
潮。1986 年开始，中国人工养殖对虾总产量已领先于世界各养虾国家
和地区，成为世界第一养虾大国，虾蟹养殖业也逐渐发展形成了比较
完整的产业技术体系。目前虾蟹类主要养殖品种有中国对虾、斑节对
虾、日本对虾、凡纳滨对虾、脊尾白虾、三疣梭子蟹和拟穴青蟹等。

以追求高产为目标的集约化高密度养殖为满足日益增长的水产品
消费需求做出了重要贡献，但伴随集约化养殖出现的暴发性病害、水
域污染和水产品质量安全等问题也逐渐成为困扰虾蟹养殖业发展的关
键问题，越来越多地受到人们的高度关注。20 世纪 90 年代初，受养殖
面积过大、饵料过量投喂、海区污染和赤潮暴发等多方面因素影响，
对虾病害暴发问题突显，对虾白斑病问题导致养殖产量和效益出现大
幅度下降。为使对虾养殖业走出低谷，扭转不利局面，改善对虾养殖
环境，我国沿海各地在发展海水养殖过程中开始借鉴中国传统淡水综
合养鱼的宝贵经验，改变单一品种养殖方式，挖掘池塘本身的生产潜
力，探索在对虾池塘中混养蟹、鱼、贝、藻等多个养殖物种，开展海
水池塘多营养层次生态养殖。尤其在我国北方地区，水产技术研究人
员在对虾养殖池塘中引入罗非鱼、梭鱼、扇贝、菲律宾蛤仔、缢蛏等
不同营养层次或生态功能的生物，探索对虾池塘综合养殖新模式。例
如，山东省青岛市 1990 年起开展"虾池混养"模式试验，包括对虾与
海湾扇贝混养、对虾与缢蛏混养、对虾与牡蛎混养、对虾与菲律宾蛤
仔混养、对虾与梭鱼混养等，以及青岛即墨区的"沙蚕养虾"（以培育
沙蚕为主饵的生态养虾技术），提高了养殖经济效益，激发了沿海群众
开展综合养虾的积极性。河北省 1990 年正式开始对虾池塘综合养殖试
验，1991 年试验面积达到 7 385 亩，占对虾养殖总面积的 2.84%，主
要有对虾与海湾扇贝混养、对虾与毛蚶混养、对虾与缢蛏混养、对虾
与梭鱼混养等模式，都不同程度地获得成功。浙江省虾农从 20 世纪 70

年代就开始利用纳潮作用捕捞天然鲻、梭鱼、脊尾白虾进行虾塘混养，90年代初已发展为多种形式的混养、轮养和多茬养殖，浙南一带凭借气候和苗种资源的优势，多元化养殖尤为活跃，套养了蛏、蚶、青蛤、文蛤、青蟹等的虾蟹类，经济效益甚为显著，混养面积占养虾总面积的80%~90%。农业部水产司还于1991年12月在浙江省宁波市举办"海水综合养虾技术培训班"，请有关专家学者和生产单位负责人就虾池综合利用的基础理论、生产技术、病害防治等方面的知识进行专题授课和讨论，根据各地实践探索的经验，形成有关技术的汇编资料，扩大推广应用。但这一时期的海水池塘多营养层次生态养殖基本上还处于初步的探索试验阶段，对其基础理论的研究还不足，未运用生态学、经济学原理去指导池塘综合养殖生产。从2000年左右开始，李德尚等一批国内学者开始运用生态学理论和方法来研究和揭示海水池塘养殖系统的组成和物质转运规律，并在池塘养殖系统结构优化等方面进行了许多开创性的基础研究工作（Li and Dong，2000；李德尚，2007），为我国海水池塘多营养层次生态养殖的快速发展和应用提供了理论依据和科技支撑。早期的研究资料显示，中国对虾-罗非鱼模式对饵料和肥料中氮的有效利用率达到16.04%~16.68%，明显高于对虾单养模式（王岩和齐振雄，1998），中国对虾-缢蛏模式能够使对虾的成活率和产量分别提高13.8%和35.4%，氮利用率提高5.3%（李德尚，2007），而中国对虾-缢蛏-罗非鱼三元综合养殖模式的氮利用率提高了10.77%，其中对虾对氮的利用率提高了5.25%（田相利等，1999）。青蛤和菊花心江蓠可以使对虾养殖池塘的氮利用率提高1.7%~13.6%，明显降低饲料消耗（常杰等，2006），罗非鱼不仅有助于改善对虾养殖池塘水质，调节浮游植物的种类及数量（粟丽等，2013），而且可以减少底质中氮、磷、硫的积累量，降低有机污染（虞为等，2015）。

山东省日照市养殖对虾历史较长，是我国开展对虾人工育苗和养殖技术研究并获得成功最早的地区之一，其海水池塘综合养殖模式的试验探索始于1994年。1998年以来，中国水产科学研究院黄海水产研究所的科研人员在日照市东港区的连片规模化海水池塘养殖区持续开展物种筛选、结构优化、生态调控等一系列关键技术研发工作，通过在中国对虾养殖池塘中合理搭配三疣梭子蟹、菲律宾蛤仔、硬壳蛤、半滑舌鳎等物种，结合环境生态调控、免疫增强等技术，构建了海水池塘虾蟹贝鱼多营养层次生态养殖模式，有效地提高了虾蟹养殖成活率和饲料利用率，实现亩产1万元以上的收益（李健等，2015）。

经过多年的发展，虾蟹贝鱼多营养层次生态养殖模式在日照市及周边地区获得了广泛推广和应用，养殖品种营养级搭配更加齐全，养殖空间更加立体，管理环节也更加全面，目前主要是在中国对虾和日本对虾养殖池塘中混养三疣梭子蟹、菲律宾蛤仔、缢蛏、半滑舌鳎、鲻、梭鱼等，采取多次放苗、多次收获，养殖经济效益和生态效益大幅提高，每亩可收获贝类300～500千克、虾类60～70千克、蟹类50～60千克和鱼类10千克左右。虾蟹贝鱼多营养层次生态养殖模式占当地海水池塘养殖总面积90%以上。目前，这种养殖模式的开发与应用已达到产业化水平，处于国际领先地位，并开始向产业布局优化、整体效益评价等内涵和外延拓展。作为我国典型的多营养层次综合养殖模式之一，该技术得到了行业内专家学者的高度肯定，并于2014年起被农业部遴选列入农业主推技术目录，已在我国沿海普遍应用（图1-1）。

图1-1　山东省日照市海水池塘虾蟹贝鱼多营养层次生态养殖

二、国外发展现状

国外发达国家水产养殖业多以规模化、标准化的海水养殖为主要特征，并提倡设施化、智能化、精细化的生态高效养殖发展方向，多营养层次综合养殖的研究主要集中于海水鱼类和海藻在浅海海域的综合养殖。加拿大、智利、美国和新西兰等国家在大西洋沿岸地区的大菱鲆和欧洲鲈养殖中增加藻类，开展试验性研究，主要利用江蓠等红藻或石莼等绿藻作为生物过滤器（biofilters），提高了营养物质利用效

率，增加了综合养殖收益（Granada et al.，2016）。澳大利亚、美国、加拿大、法国、智利和西班牙等国家进行了将贻贝和牡蛎作为生物过滤器的试验性研究。但是，这些海水多营养层次综合养殖研究仍处于小规模试验阶段，大规模工业化实施还有难度（Troell et al.，2003）。目前，加拿大、美国和一些欧盟国家正在推动这类试验项目扩大规模，向产业化方向发展（Troell et al.，2009）。加拿大科学和工程研究委员会（NSERC）专门成立了一个 IMTA 研究网络（CIMTAN），包括 1 处省级实验室、6 处加拿大联邦海洋渔业局分支机构、8 所知名大学以及 26 位相关领域科学家参与其中。挪威从 2006 年开始也相继设立 INTEGRATE（2006—2011）、EXPLOIT（2012—2015）等多个专项来推进 IMTA 的研究和应用。苏格兰海洋科学联盟牵头实施的欧盟第七框架计划"Increasing Industrial Resource Efficiency in European Mariculture"（IDREEM）项目（2012—2016）联合了来自 7 个国家 15 个单位的研究团队来探讨构建 IMTA 模式的关键技术。

以色列国家海水养殖中心是国外较早、较深入地开展陆基海水池塘多营养层次养殖的专业研究机构。20 世纪 80 年代末，以色列开始设立海水多营养层次养殖研究项目，先后开发了两阶段和三阶段循环水养殖系统，早期主要研究利用富含微藻的海水循环养殖鱼（海鲷、海鲈、鲻、罗非鱼）、虾（绿虎虾）和贝类（太平洋牡蛎、菲律宾蛤仔）等，2001 年在 SeaOr Marine 公司建立了小规模的陆基循环水养殖鲍、海鲷、海藻（浒苔、石莼）的综合养殖系统，近年来又相继开展了大型藻类、鲍、海胆、卤虫等在物质转化方面的研究，"虾-藻-轮虫"多营养层次养殖模式提高了营养物质的利用效率。但以色列目前还未建立比较完善的陆基多营养层次养殖模式，陆基循环水系统的鱼、贝、藻多营养层次养殖尚处于探索试验阶段，尚未达到产业化水平。

第三节　技术和模式关键要素

一、池塘整理

1. 池塘清理与改造

养殖前应将养殖池、蓄水池、进排水渠道等的积水排净，封闸晒池。清除污泥和杂物，对沉积物较厚的池底应翻耕曝晒或反复冲洗，使池塘残留的过量有机质得以清理或被氧化分解。在养殖池塘中央浅水平滩或靠近堤坝的周边区域设置贝类养殖区，经过翻土、垫高、整平等工序，建设宽1.5～2米、高15～20厘米的长条状贝台，贝台面积不超过池塘总面积的20%。养殖菲律宾蛤仔、缢蛏等还需要在贝台表层覆盖孔径1厘米的防护网，防止梭子蟹摄食贝类（图1-2）。在池塘内避风向阳的池角按每平方米1 000尾蟹苗的密度设置20目的网围，作为蟹苗暂养区。在养殖池进、排水闸门处安装滤水网（60目），以防止敌害生物进入及虾蟹随排水逃逸，进水网宜采用锥形网（袖子网），排水网采用弧形围网。

图1-2　池塘贝台（覆盖防护网）

2. 消毒除害

向池塘内注水10～20厘米，使用含氯消毒剂或含碘消毒剂、氧化剂、生石灰等消毒药物全池泼洒，杀灭原生动物、病毒、细菌等病原生物及杂鱼虾等。

3. 纳水及培育基础饵料

养殖池塘消毒后7～10天开始纳水，初次进水40～50厘米。施用肥料、有益细菌制剂，繁殖优良单细胞藻类、小型微型多毛类、寡毛类、甲壳类、线虫、贝类幼体、昆虫幼体、有益微生物、菌胶团等，施用有机肥需充分发酵，所占比例不得低于 50%。

二、苗种放养

1. 水质要求

养殖池水深达 1 米以上，透明度 40 厘米左右，微藻以绿藻、硅藻、金藻类为主。养殖池水温应达 14℃ 以上，pH 为 7.8～8.6；盐度为 25～32，与育苗池盐度差大于 5 以上时，24 小时内调节育苗池盐度差不应超过 3。

2. 苗种选择

选择对外界刺激反应敏捷、活力强、不携带传染性病原的健康苗种，虾、蟹、贝、鱼苗种应符合国家和行业相关标准的规定。其中，选择生长速度快、抗逆性强和养殖成活率高的优良虾蟹品种是保证海水池塘多营养层次生态养殖成功的基础（图 1-3）。

中国对虾"黄海1号"

三疣梭子蟹"黄选1号"

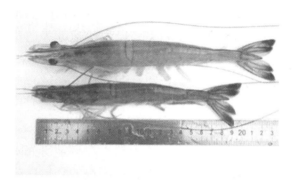

中国对虾"黄海3号"

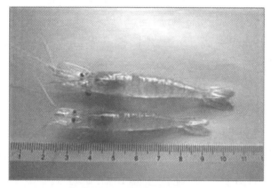

脊尾白虾"黄育1号"

图 1-3　部分虾蟹养殖良种

（1）中国对虾"黄海 1 号"　中国水产科学研究院黄海水产研究所率先采用群体选育与家系选育相结合的方法，经过连续 7 年，培育出我国第一个人工选育的海水养殖动物新品种——中国对虾"黄海 1 号"（品种登记号 GS-01001-2003）。该新品种具有生长速度快、抗逆性强等优良性状，同等养殖条件下该品种比未选育群体平均增长 8.40%，体重增加 26.86%，养殖成功率达 90% 以上，2006 年被农业部遴选为水产主导品种。

（2）中国对虾"黄海 3 号"　采用数量遗传学和现代分子生物学技术相结合的方法，经氨氮胁迫选择，通过连续 5 代群体选育获得的水产新品种（品种登记号 GS-01-002-2013）。经测试，新品种仔虾I期抗氨氮能力较商品苗种提高 21.2%，养殖成活率提高 15.2%，收获对虾体重提高 11.8%，整齐度高；经过多点试验和示范，新品种表现出生长速度快、抗逆性强、发病率低等优势，池塘连片养殖成功率达 90%，亩产量较商

品苗种提高20%以上，2015年被农业部遴选为水产主导品种。

（3）三疣梭子蟹"黄选1号" 以生长速度为选育指标，经过连续5代群体选育，2010年培育出我国海产蟹类第一个新品种——三疣梭子蟹"黄选1号"（品种登记号GS-01-002-2012），收获时体重提高20.12%，成活率提高32.00%，全甲宽变异系数小于5%，该品种2014年被农业部遴选为水产主导品种。

（4）脊尾白虾"黄育1号" 中国水产科学研究院黄海水产研究所经过连续6代群体选育，培育出生长速度快的脊尾白虾"黄育1号"新品种（品种登记号GS-01-005-2017）。在同等养殖条件下，与未经选育的野生脊尾白虾相比，脊尾白虾"黄育1号"3月龄体长平均提高12.62%，体重平均提高18.40%；整齐度高，体长变异系数<5%。

3. 放苗时间

菲律宾蛤仔、缢蛏等贝苗在3月下旬到4月中上旬，水温14℃以上时放养。中国对虾、日本对虾虾苗在4月下旬，水温16℃以上时放养；凡纳滨对虾虾苗在6月，水温20℃以上时放养。脊尾白虾一茬养殖亲虾在6月下旬，水温20℃以上时放养；两茬养殖在4月中上旬，水温14℃以上时放养。三疣梭子蟹苗在5月上中旬，水温18℃以上时放养。半滑舌鳎苗等鱼类在6月上旬，水温20℃以上时放养。

4. 放苗规格

中国对虾和日本对虾虾苗生物学体长1厘米以上，凡纳滨对虾虾苗生物学体长0.7厘米以上，脊尾白虾为抱卵亲虾；三疣梭子蟹Ⅱ期幼蟹规格16 000只/千克；菲律宾蛤仔规格5 000～6 000粒/千克，缢蛏规格2 000～3 000粒/千克；半滑舌鳎规格100克/尾以上。

5. 放苗密度

对虾6 000～8 000尾/亩，脊尾白虾抱卵亲虾1千克/亩；菲律宾蛤仔50 000～60 000粒/亩，缢蛏20 000～30 000粒/亩；三疣梭子蟹2 000～3 000只/亩；半滑舌鳎20～30尾/亩。

三、养殖管理

1. 水质管理

（1）保持水位及换水 养殖前期只添水不换水，日添加水3～5厘米，直到水位达2米。养殖中后期，根据池塘透明度、藻相变化及水源

14

质量情况，采取少换、缓换的方式适当换水，日换水量控制在 5～10 厘米。

（2）增氧 应用微孔增氧系统，提高池塘水体溶解氧。微孔增氧系统主要由罗茨鼓风机、主管（PVC 塑料管）、支管（PVC 塑料或橡胶软管）、曝气管（微孔纳米曝气管）等组成，罗茨鼓风机设置在塘埂上，经气管与铺设在池塘底部的微孔管网相连。根据池塘溶解氧需要确定微孔增氧设备开机时间，放苗 30 天内于凌晨和中午各开机 1～2 小时；养殖 30 天后可根据需要延长开机时间，使水中的溶解氧始终维持在 5 毫克/升以上；阴天、下雨时应适当增加开机时间；投饲时应停机 0.5 小时。

（3）使用水质保护剂 每半月施用以沸石粉、过氧化钙为主要成分的水质保护剂，使用方法为每 15～20 天 1 次，用量 20～30 千克/亩；适当使用石灰石粉或白云石粉，施用方法为每半月 1 次，用量 10～20 千克/亩，或每 2～3 天 1 次，用量 1～2 千克/亩，要求池水总碱度在 80～120 毫克/升。

（4）使用微生态制剂和微藻 养殖过程中施用的微生态制剂主要有芽孢杆菌、EM 菌和光合细菌等，芽孢杆菌制剂活菌落含量通常在 10^9 个/毫升左右，使用前应先加少量红糖或葡萄糖，在增氧状态下先进行 3～4 小时的活化培养。养殖前期，每 10～15 天 1 次，养殖后期，每 3～5 天 1 次，不能与消毒药品、抗菌药品同时使用。青岛大扁藻、小球藻和牟氏角毛藻等有益微藻或耐高温浒苔等，可以吸收利用养殖水体中过量的氨氮、亚硝酸盐等有害物质，适量添加可显著改善水质。

2. 饵料投喂及营养增强

（1）常规饵料投喂 养成期投喂的饵料包括配合饲料、新鲜小杂鱼和低值贝类。配合饲料质量和安全卫生应符合国家和行业相关标准的规定。

配合饲料日投喂率为 3%～5%，鲜活饵料日投喂率为 7%～10%。实际可根据虾蟹体重和日摄食率计算每日理论投喂量，然后根据摄食情况、天气状况，确定实际投喂量。

放苗初期日投喂 4 次，全池均匀投喂，放苗后期随着虾、蟹、鱼等生长，加大投饲量，午后投喂量占全天投喂量的 60%。

（2）营养增强 饲料中适量添加维生素、中草药、菌粉等免疫增

强剂能够激活养殖动物自身免疫酶活性，提高其抗病力，从而提高养殖成活率。添加黄芪、大黄或甘草（20克/千克）可显著增强对虾酚氧化酶（PO）、超氧化物歧化酶（SOD）和溶菌酶（LZM）等免疫酶活性，促进对虾生长。大黄促生长效果最好，对虾相对增重率提高49.5%；添加虾青素（0.1～0.2克/千克），对虾成活率提高14%～26%，生长速度提高17%。同时添加维生素E（0.4克/千克）和裂壶藻（10克/千克）的协同效应明显，对虾成活率提高28.8%，特定生长率提高80.2%，脂质过氧化水平降低。

（3）饵料生物培育　春季移植青苔至池塘（100～150千克/亩），4月中旬在池塘青苔较多区域投放人工繁育的钩虾（2～3千克/亩），对虾养殖前期（体长<8厘米）无需投喂配合饲料。通过养护钩虾群落，对虾生长速度提高1倍，感染白斑综合征病毒（WSSV）死亡率降低20%以上。此外，蓝蛤和拟沼螺等也有利于提高对虾生长和健康水平，降低由WSSV感染引起的死亡率。

3. 病害防治

养殖人员至少每日凌晨、下午及傍晚各巡池1次，清除池塘周围的蟹类、鼠类，观察对虾的活动、分布、摄食情况，注意发现病死的虾、蟹，检查病因、死因，并进行处理。

养殖期间防止纳入发病虾池排出的水，不应投喂带有病原的鲜活饵料，及时切断病原传播。及时掌握地区疫病分布、流行趋势和预警信息等，定期对池塘中的病原生物进行检测，具体按相关规程操作。

安全使用药物，参照《水产养殖用药明白纸》选择已批准的水产用兽药，不使用孔雀石绿、硝基呋喃类等禁用药品及化合物，不使用氧氟沙星、环丙沙星等停用药品，不使用假劣兽药和原料药、人用药，以及所谓"非药品""动保产品"等国家未批准药品。按照兽药说明书注明的用法、用量、休药期等使用兽药，并通过强化生产管理减少用药。

四、养殖尾水处理

养殖尾水处理是池塘绿色养殖的重要组成部分，对保护养殖池塘周边水域生态环境至关重要。

1. 处理系统

连片池塘养殖尾水经过统一设置的三级生态净化处理后可实现循

环再利用或达标排放，处理系统是主要包含沉淀区、贝类净化区和藻类净化区等不同功能区域和水循环设施的串联人工生态系统，利用水泵将虾蟹池塘养殖尾水引入净化区，逐级净化后水质达标的海水在另一端经连接管道循环进入养殖池塘。在贝类净化区根据底质情况放养菲律宾蛤仔、缢蛏、硬壳蛤等适宜的滤食性贝类，在藻类净化区搭建筏架或网围等设施养殖耐高温浒苔、石莼等大型藻类（彩图2）。

2. 水质监测

按照国家相关规范和标准对虾蟹贝鱼养殖池塘和尾水处理系统的排水口处的水质进行定期监测，每半月1次。虾蟹贝鱼养殖池塘的营养物质利用率高、水质好，养殖前期不换水，仅在养殖中后期的投饵高峰期（8—9月）可能会出现氮磷超标情况，此时应注意提高水质监测频率，同时通过尾水处理系统提高水循环利用率，避免直接排放。

3. 应用效果

该技术综合运用物理沉降、微生物分解、贝藻生物转化、水体循环利用等关键技术，处理后的尾水无机氮、活性磷酸盐含量降低50%以上，水质符合农业行业标准《海水养殖水排放要求》（SC/T 9103—2007）Ⅱ级标准，经循环利用还可实现养殖废弃物的"零排放"，生态效益十分显著。此外，作为副产品的优质菲律宾蛤仔亩产量达1 200千克以上，经济效益也很明显。

五、收获上市

根据池塘养殖不同物种的规格大小、市场价格、健康状况以及气候条件等情况综合考量，适时起捕。一般在中秋节前利用陷网收获部分中国对虾，利用挂网收获三疣梭子蟹雄蟹，11月上中旬利用陷网可收获日本对虾或第二次收获中国对虾，大雪节气前后开闸放水收获三疣梭子蟹雌蟹和剩余的少量雄蟹。中秋节前后可撤掉护网，人工挖取菲律宾蛤仔，而缢蛏、硬壳蛤等贝类宜推延至11月以后人工挖取上市。

第四节　典型案例

日照开航水产有限公司海水池塘虾蟹贝鱼多营养层次生态养殖模式

日照开航水产有限公司成立于2009年9月，位于山东省日照市东港区涛雒镇，是以海水养殖为主业的大型水产企业，是农业农村部水产健康养殖示范场、山东省院士工作站、山东省现代渔业园区、日照市农业产业化市级重点龙头企业。公司注册资本 1 561 万元，池塘养殖面积 3 000 亩以上，池塘养殖品种为中国对虾、日本对虾、三疣梭子蟹、菲律宾蛤仔、缢蛏、罗非鱼、海蜇等，工厂化养殖品种为海参、大菱鲆、牙鲆、半滑舌鳎等，各类水产品年产量达 2 000 吨左右。公司生产的"开航"牌中国对虾荣获 2011 年全国优质水产品交易会"最受消费者欢迎产品"奖、2012 年第十届中国国际农交会"金奖"、2013 年第十一届中国国际农交会"金奖"、第二届中国山东（济南）国际农产品交易会"畅销产品奖"、2014 年第十二届中国国际农交会"畅销产品奖"。

　　2008 年以来，公司在中国水产科学研究院黄海水产研究所的指导下积极开展海水池塘虾蟹贝鱼多营养层次生态养殖的养殖和示范，主要是根据三疣梭子蟹、半滑舌鳎和菲律宾蛤仔等采食病虾、残饵、滤食浮游生物和碎屑的特点，在原有的中国对虾养殖池塘中修建贝台，适量增加放养三疣梭子蟹、菲律宾蛤仔和半滑舌鳎，养殖过程中注重培养饵料生物并利用微孔增氧、调控有益菌和藻类等调控水质，建立了"中国对虾-三疣梭子蟹-菲律宾蛤仔-半滑舌鳎"高效生态养殖模式，实现亩产中国对虾 80 千克以上、三疣梭子蟹 90 千克以上、菲律宾蛤仔 350 千克以上、半滑舌鳎 25 千克以上的效果，平均亩产值 1.5 万元（图 1-4 至图 1-6）。

图 1-4　养殖池贝类防护网

图 1-5 养殖池贝类围隔区

图 1-6 养殖虾蟹收获现场

第五节　经济、生态及社会效益分析

多营养层次养殖模式在不扩大养殖面积的基础上通过合理搭配养殖物种，促进了营养物质的充分利用，提高了养殖效率，增加了养殖总产量，综合的经济、社会和生态效益显著。

一、经济效益

山东省日照市的中国对虾-三疣梭子蟹-菲律宾蛤仔-半滑舌鳎养殖模式实现亩产中国对虾 80 千克以上、三疣梭子蟹 90 千克以上、菲律宾蛤仔 350 千克以上、半滑舌鳎 25 千克以上，平均亩产值 1.5 万元。浙江省宁波市的脊尾白虾-三疣梭子蟹-贝类-篮子鱼养殖模式实现亩产脊尾白虾 100 千克，三疣梭子蟹 80 千克，贝类 300 千克，篮子鱼 50 千克，平均亩产值可达 2.0 万元；而日本对虾-三疣梭子蟹-贝类养殖模式实现亩产日本对虾 50 千克，三疣梭子蟹 75 千克，贝类 250 千克，平均亩产值可达 1.85 万元。

二、生态效益

池塘养殖过程中需要给虾蟹投喂大量的鲜活饵料、配合饲料等以满足其生长所需的物质和能量，但虾蟹类抱食啃咬的独特摄食行为以及相对较短的消化道结构导致大部分饵料营养物质不能被充分利用，容易引起水质恶化并诱发病害。在虾蟹池塘中混养菲律宾蛤仔、缢蛏、硬壳蛤等经济贝类，可以将残饵、粪便等养殖污染物变成可利用的营养资源实现转化。与传统对虾单养池塘相比，虾蟹贝鱼多营养层次生态养殖池塘氮素营养的利用率提高 1 倍，水质和底质均明显改善，排污明显减少；配套应用养殖尾水生态净化处理技术，无机氮、活性磷酸盐含量可降低 50% 以上，满足达标排放要求，或循环利用从而实现养殖废弃物的"零排放"，生态效益十分显著，是一种环境友好、可持续发展的绿色养殖新模式。

三、社会效益

采用多营养层次生态养殖模式生产的虾、蟹、贝、鱼等产品，规格大、活力强、营养丰富、味道鲜美、质量安全有保障，具有较高的市场认可度，大多数已发展成为当地的名优特产，创立了品牌。通过品牌效应发展规模化养殖，极大地调动了周边地区渔民参与蟹类、贝类、鱼类等优质新品种生产的积极性，以此带动了苗种培育、饵料（饲料）、渔机销售、土木工程、交通运输、产品加工、冷链物流、休闲旅游、餐饮服务等产业链，促进了地区就业和经济繁荣稳定。

第二章

低盐水鱼虾多营养层次生态养殖模式

第一节　模式介绍

　　低盐水草鱼-鲢-凡纳滨对虾（又称南美白对虾）池塘生态养殖模式，5月投放草鱼种和鲢鱼种，一个月后投放淡化凡纳滨对虾苗。投放草鱼7 700尾/公顷（100克左右）、鲢2 300尾/公顷（150克左右）、凡纳滨对虾20万尾/公顷（2～2.5厘米），10月收获。养殖过程中投喂"海大牌"草鱼膨化配合饲料，分别于08:00、10:00、13:00和16:00投喂，日投饵量为草鱼生物量的2%～3%，对虾不投喂，养殖过程中不换水。该养殖模式收获草鱼7 950千克/公顷（规格1 050克/尾）；收获鲢1 950～2 700千克/公顷；对虾成活率50%，收获975～1 200千克/公顷；氮磷利用率分别为48.4%和21.5%，投入产出比1.33，亩产值1.3万元，经济效益提高30%～40%，养殖尾水有机物含量降低37.2%，经济、生态效益明显。

第二节　技术和模式发展现状

　　该模式是在同一水体将不同营养层级的养殖种类有机结合在一起的养殖生产活动。生态养殖所依据的生态学原理主要是通过养殖生物间的营养关系实现养殖废物的资源化利用，利用养殖种类的功能互补作用平衡水质，利用不同生态位生物实现养殖水体资源（空间和饵料）的充分利用。依据这些原理建立的养殖模式可以实现较高的生态效益和经济效益，被普遍认为是一种可持续发展的养殖模式。

　　我国淡水池塘生态养殖历史悠久,早在三国时期就有了稻田养鲤的记载,《农政全书》总结了淡水鱼类混养的案例,并初步阐述了混养的互利原理。20世纪90年代,随着颗粒饲料养殖技术的发展,全国水产技术推广总站与美国大豆协会合作,引进了淡水池塘80∶20养殖模式,与投饲养殖相比,混养提高了经济效益,改善了养殖环境。之后我国学者相继优化了草鱼-鲢-鲤(宋顺等,2011)、草鱼-鲢-凡纳滨对虾(张振东等,2011)池塘生态养殖模式。所有研究结果都表明,采用生态养殖模式的养殖动物生长速度快于单养,而且生态养殖还可稳定池塘水质,促进水中氮、磷等营养物质的利用(杨红生,1998;王黎凡,2000;王吉桥,2003;郭泽雄,2004;郑春波,2005)。借鉴淡水池塘生态养殖经验,我国学者还优化了形式多样的海水池塘生态养殖模式,如鱼-虾-蟹(王焕明,1993)、虾-蟹-贝(严必福,2001)、鱼-虾-贝(田相利等,2001;李胜宽等,2003;张少华等,2004)、虾-贝-藻(王大鹏等,2006;冯翠梅等,2007)、参-虾-鱼-藻(宋宗岩等,2005)等。在生态养殖模式评价方面,早期的研究中,一般采用产量、经济效益、投入物质利用率、水质等指标来评判养殖系统的结构(熊邦喜等,1993;Wang et al.,1998;Tian et al.,2000),近些年人们又利用能量利用率、光合作用效率等生态指标来评判养殖结构(Frei et al.,2007;Jena et al.,2008;Rahman et al.,2008;宋顺等,2011;张振东等,2011)。但总的来说,目前的大部分研究还只是就一些经济和宏观生态指标进行比较分析,缺乏环境、生态、经济因素的综合评价,特别是对养殖生态系统结构、系统内的物质流动和能量传递效率等的分析十分缺乏。

低盐水草鱼-鲢-凡纳滨对虾池塘生态养殖模式所依据的技术原理包括以下两点:①水体空间的充分利用,草鱼生活在水体中层,鲢生活在水体上层,凡纳滨对虾生活在水体底层,水体空间得到充分利用。②食性与功能互补,草鱼投喂养殖,所投喂的饲料会产生大量的养殖排污(包括鱼粪、残饵等颗粒态废物和溶解态有机物),如果大量积累,易导致水质恶化,诱发病害;而鲢是滤食性鱼类,可以直接滤食草鱼的残饵和粪便等颗粒态废物,还可以通过滤食浮游植物间接去除水体中的溶解态污染物,起到净化水质的作用;凡纳滨对虾不投喂,利用其杂食性特性,可以摄食水中的水生生物等,且其活动对底泥起到生物扰动作用,可促进底泥间隙水中营养元素向上覆水中释放,提高营养元素的利用率,净化底质。

第三节 技术和模式关键要素

凡纳滨对虾是我国海水池塘养殖的优良虾种，具有生长速度快、适盐范围广、经济价值高等特点，目前已成为我国乃至世界养殖产量最高的虾类。随着凡纳滨对虾淡化养殖技术的不断成熟，其逐渐成为我国内陆渔业调整产业结构、稳产增效的优良品种。我国珠三角、广西、湖南和江西地区淡水养殖凡纳滨对虾已具备相当规模。在传统的草鱼-鲢（鳙）-鲤混养模式中，用经济价值高的凡纳滨对虾代替鲤，以期获得更高的养殖效益。为了推动我国对虾养殖产业绿色高效发展，笔者利用陆基围隔实验法（彩图3）优化了草鱼-鲢-凡纳滨对虾池塘生态养殖模式。研究共设置了6种放养搭配，分别为草鱼单养、草鱼-鲢混养、草鱼-鲢-凡纳滨对虾混养（4个密度，1~4组）。各组放养和收获情况分别见表2-1、表2-2和表2-3。

表 2-1 草鱼放养和收获情况

模式	放养			收获		
	数量 （尾/公顷）	放养密度 （千克/公顷）	放养规格 （克/尾）	收获规格 （克/尾）	成活率 （%）	净产量 （千克/公顷）
草鱼	7 695	784±29	100±5	1 015±60	97.4±0.03	7 653±612
草鱼-鲢	7 695	773±21	100±5	1 030±50	97.4±0.03	7 796±572
草鱼-鲢-对虾 1	7 695	773±21	100±5	1 030±15	97.4±0.03	7 796±306
草鱼-鲢-对虾 2	7 695	780±20	100±5	1 050±20	98.2±0.03	8 000±265
草鱼-鲢-对虾 3	7 695	787±6	100±5	1 005±20	97.4±0.03	7 592±367
草鱼-鲢-对虾 4	7 695	797±6	100±5	1 005±60	97.4±0.05	7 592±429

表 2-2 鲢放养和收获情况

模式	放养			收获		
	数量 （尾/公顷）	放养密度 （千克/公顷）	放养规格 （克/尾）	收获规格 （克/尾）	成活率 （%）	净产量 （千克/公顷）
草鱼-鲢	4 500	640±6	145±0	560±20ᵃ	100.0±0.0	2 510±82
草鱼-鲢-对虾 1	4 500	631±16	140±5	550±40ᵃ	100.0±0.0	2 469±163
草鱼-鲢-对虾 2	2 295	324±10	140±5	865±55ᵇ	100.0±0.0	1 940±122
草鱼-鲢-对虾 3	4 500	620±12	140±5	560±25ᵃ	100.0±0.0	2 530±122
草鱼-鲢-对虾 4	2 295	328±6	145±5	855±25ᵇ	100.0±0.0	1 918±61

注：同一列数据上方标有不同小写字母表示不同放养密度下差异显著（$P<0.05$）。对虾指凡纳滨对虾。

表 2-3　凡纳滨对虾放养和收获情况

模式	放养		收获		
	放养密度（千克/公顷）	放养规格（克/尾）	收获规格（克/尾）	成活率（%）	净产量（千克/公顷）
草鱼-鲢-对虾 1	19.5	2～2.5	10.4±0.1	47.3±2.9a	982±51
草鱼-鲢-对虾 2	19.5	2～2.5	10.3±0.3	50.0±4.0a	1 035±49
草鱼-鲢-对虾 3	40.5	2～2.5	10.1±0.2	27.0±3.2b	1 088±120
草鱼-鲢-对虾 4	40.5	2～2.5	10.0±0.8	29.9±1.0b	1 198±59

注：同一列数据上方标有不同小写字母表示不同放养密度下差异显著（$P<0.05$）。对虾指凡纳滨对虾。

一、养殖效果

5月投放草鱼和鲢鱼种，一个月后投放淡化凡纳滨对虾（以下简称对虾）苗，10月收获。养殖过程中投喂"海大牌"草鱼膨化配合饲料，每天分别于 08:00、10:00、13:00 和 16:00 投喂，日投饵量为草鱼生物量的 2%～3%，对虾不投喂，养殖过程中不换水。经过 6 个月的养殖，草鱼成活率 97%～98%，不同放养密度差异不明显；草鱼规格较整齐（1千克/尾），产量 7 590～7 995 千克/公顷，以草鱼-鲢-对虾 2 模式中的产量最高（7 995 千克/公顷）（表 2-1）。不同放养密度下鲢成活率皆为 100%，出塘规格以草鱼-鲢-对虾 2 模式和草鱼-鲢-对虾 4 模式大，产量 1 905～2 520 千克/公顷；草鱼-鲢、草鱼-鲢-对虾 1 模式和草鱼-鲢-对虾 3 模式中鲢产量较高，这与放养密度有关（表 2-2）。对虾成活率 27.0%～50.0%，以草鱼-鲢-对虾 2 模式成活率最高（50%）；对虾规格皆达到 10 克/尾以上，产量 975～1 200 千克/公顷，产量以草鱼-鲢-对虾 3 模式和草鱼-鲢-对虾 4 模式最高，这与放养密度有关（表 2-3）。不同放养密度下养殖效果综合评价结果为草鱼-鲢-对虾 2 模式最好，其次为草鱼-鲢-对虾 1 模式（表 2-4）。

表 2-4　养殖效果综合评价

指标	模式					
	草鱼	草鱼-鲢	草鱼-鲢-对虾 1	草鱼-鲢-对虾 2	草鱼-鲢-对虾 3	草鱼-鲢-对虾 4
相对综合产量（千克）	0.78	1.83	1.08	1.11	1.09	1.11
氮磷平均相对利用率	0.76	1.02	1.08	1.07	1.05	1.02

（续）

指标	模式					
	草鱼	草鱼-鲢	草鱼-鲢-对虾 1	草鱼-鲢-对虾 2	草鱼-鲢-对虾 3	草鱼-鲢-对虾 4
相对投入产出比	0.91	0.96	1.09	1.14	0.93	0.97
综合效果指标	0.51	0.80	1.20	1.27	0.90	1.00

注：相对综合产量是按照当年草鱼、鲢和对虾的市场价格，将鲢和对虾的产量折算成草鱼产量。综合效果指标=［相对综合产量×氮（或磷）的平均相对利用率×相对纯收入×相对投入产出比］。

二、养殖期间水质变化

养殖过程中水温变化范围为 17～34℃，平均水温 26℃。水体 pH 变化范围为 7.00～8.42。溶解氧变化范围为 2.38～10.71 毫克/升，随着养殖活动的进行，水体溶解氧含量逐渐下降，一般 06:00 需开启增氧机，以避免鱼类浮头。水体透明度随着养殖的进行而降低，草鱼单养模式水体透明度和叶绿素 a 含量显著高于草鱼-鲢、草鱼-鲢-对虾模式，这与鲢的滤食作用有关，因此，混养鲢可避免水华现象的发生。水体总氨氮含量的变化范围为 0.74～5.45 毫克/升，亚硝酸盐含量的变化范围为 0～0.24 毫克/升，硝酸盐含量的变化范围为 0～0.72 毫克/升，磷酸盐的变化范围为 0.01～0.73 毫克/升，化学需氧量（COD）的变化范围为 6.18～22.40 毫克/升，不同养殖模式总氨氮、亚硝酸盐、硝酸盐、磷酸盐和 COD 含量差异不明显（表2-5）。

表 2-5　养殖过程中的水质参数

指标	草鱼	草鱼-鲢	草鱼-鲢-对虾 1	草鱼-鲢-对虾 2	草鱼-鲢-对虾 3	草鱼-鲢-对虾 4
pH	7.18～8.26	7.07～8.25	7.00～8.19	7.10～8.42	7.01～8.25	7.19～8.29
	(7.89±0.31)	(7.82±0.34)	(7.83±0.29)	(7.89±0.27)	(7.88±0.29)	(7.91±0.28)
溶解氧	2.38～8.55	2.40～10.71	2.64～9.41	2.59～9.18	2.46～10.08	2.79～10.37
（毫克/升）	(5.25±1.85)	(5.02±2.54)	(5.16±2.21)	(5.26±2.14)	(5.10±2.34)	(5.19±2.55)
COD	6.18～13.77	6.18～20.61	6.18～14.85	6.18～22.40	6.18～14.56	6.18～11.27
（毫克/升）	(11.22±3.09)	(11.60±5.06)	(11.01±2.81)	(12.52±5.57)	(9.91±3.23)	(8.83±1.68)
透明度	9～50	19～50	14～40	18～40	18～51	18～51
（厘米）	(21±10)[a]	(31±9)[bc]	(26±7)[ab]	(29±7)[bc]	(35±10)[c]	(33±10)[c]
总氨氮	0.74～3.52	1.42～4.01	2.19～4.37	1.88～2.77	2.05～5.45	2.04～4.38
（毫克/升）	(2.18±1.04)[ab]	(2.55±0.87)[ab]	(2.81±0.85)[ab]	(2.34±0.36)[ab]	(3.29±1.40)[b]	(2.96±0.91)[ab]
硝酸盐	0～0.50	0.11～0.74	0～0.72	0～0.46	0.16～0.35	0.15～0.64
（毫克/升）	(0.22±0.17)	(0.32±0.23)	(0.24±0.24)	(0.21±0.15)	(0.26±0.08)	(0.29±0.19)

（续）

指标	草鱼	草鱼-鲢	草鱼-鲢-对虾1	草鱼-鲢-对虾2	草鱼-鲢-对虾3	草鱼-鲢-对虾4
亚硝酸盐（毫克/升）	0.01～0.22 (0.09±0.08)	0～0.24 (0.09±0.08)	0～0.17 (0.09±0.07)	0.02～0.16 (0.09±0.06)	0～0.12 (0.06±0.05)	0～0.16 (0.08±0.06)
磷酸盐（毫克/升）	0.01～0.42 (0.11±0.15)	0.08～0.42 (0.26±0.13)	0.03～0.73 (0.20±0.27)	0.04～0.56 (0.25±0.20)	0.04～0.41 (0.14±0.14)	0.03～0.69 (0.26±0.25)
叶绿素a（微克/升）	85～254 (171±60)[a]	81～233 (123±61)[ab]	84～200 (125±44)[ab]	78～238 (125±63)[ab]	70～124 (97±20)[b]	57～117 (88±23)[b]

注：同一行不同上标字母表示差异显著（$P<0.05$）。括号中数据为平均值。

三、养殖期间底质变化

养殖结束时，草鱼单养和草鱼-鲢-对虾4模式底泥有机碳的积累量差异不明显，但显著高于草鱼-鲢模式和草鱼-鲢-对虾其他三种养殖模式，以草鱼-鲢-对虾2模式、草鱼-鲢-对虾3模式有机碳积累量最低。从底泥氮、磷综合相对污染指数可以看出，养殖结束时，6种养殖模式综合相对污染指数是放养前的2～3倍，说明随着养殖的进行，以草鱼为主的投饲养殖活动可造成底泥污染，尤其草鱼单养模式，其底泥综合相对污染指数最高，高于草鱼-鲢和草鱼-鲢-对虾模式，说明草鱼-鲢-对虾混养可降低底泥综合相对污染指数，其中，草鱼-鲢-对虾2养殖模式最明显（表2-6）。

表2-6 底泥有机碳积累量和综合相对污染指数

处理	有机碳积累量（千克/围隔）	底泥氮、磷综合相对污染指数	
		开始	结束
草鱼	25.01±4.46[c]	2.54±0.35	6.72±0.96[c]
草鱼-鲢	19.18±2.43[b]	2.54±0.35	5.90±0.44[abc]
草鱼-鲢-对虾1	18.93±3.40[b]	2.54±0.35	5.88±0.45[abc]
草鱼-鲢-对虾2	14.81±2.19[ab]	2.54±0.35	5.02±0.16[a]
草鱼-鲢-对虾3	13.59±2.41[a]	2.54±0.35	5.78±0.51[ab]
草鱼-鲢-对虾4	30.54±4.94[cd]	2.54±0.35	5.45±0.71[ab]

注：底泥氮、磷综合相对污染指数 $A=C/(4.2\times10^{-7})$，C 为二种污染物的实测浓度值的乘积；同一列数据上标有不同字母表示不同放养模式间差异显著（$P<0.05$）。

四、养殖系统氮、磷利用率

草鱼单养模式氮利用率为40.4%，草鱼-鲢混养模式氮利用率为51.7%，草鱼-鲢-对虾混养模式氮利用率为48.5%～51.8%（草鱼-鲢-对

虾 3 模式最高，其次是草鱼-鲢-对虾 2 模式），混养模式较单养模式氮利用率提高了 10% 左右。草鱼单养模式磷利用率为 4.87%，草鱼-鲢模式磷利用率为 4.91%，草鱼-鲢-对虾模式磷利用率为 6.2%～8.0%，草鱼-鲢-对虾混养显著提高了养殖系统磷的利用率。

五、养殖系统能量利用与转化效率

草鱼单养系统光能利用率、初级生产力、次级生产力、沉降率、总能转化效率分别为 0.53%、35.39 兆焦/米^2、5.41 兆焦/米^2、55.8%、6.7%；放养鲢降低了养殖系统的光能利用率（0.22%～0.36%）、初级生产力（14.94～24.22 兆焦/米^2）和次级生产力（1.32～1.68 兆焦/米^2）；草鱼-鲢-对虾混养能降低养殖系统的沉降污染（沉降率 36.3%～54%），提高饲料转化效率（25.5%～27.5%）及总能转化效率（10.2%～13.4%）。

六、养殖系统营养级构成和营养物质传输效率

基于 EwE 生态模型分析发现，草鱼-鲢-对虾养殖系统主要由 3 个营养级构成：营养级 I 包括初级生产者［小型浮游植物（粒径＜5 微米）、中型浮游植物（粒径 5～20 微米）、大型浮游植物（粒径＞20 微米）］、配合饲料和碎屑；营养级 II 包括草鱼、鲢、细菌等；营养级 III 包括凡纳滨对虾和桡足类。初级生产流入营养级 II 的比例，草鱼-鲢-对虾 2 模式最高（61.5%），其次为草鱼-鲢模式（44.1%）和草鱼单养模式（41.9%），草鱼-鲢-对虾养殖模式提高了养殖系统初级生产利用率；营养级 II 的传输效率以草鱼-鲢-对虾 2 模式最高（22.9%），其次为草鱼-鲢模式（19.1%）和草鱼单养模式（15.9%）；残留在环境中的碎屑量以草鱼-鲢模式［748.3 克/（米^2·年）］最低，然后为草鱼-鲢-对虾模式［990.1 克/（米^2·年）］，草鱼单养模式最高［2 381 克/（米^2·年）］。由此可见，混养可有效提高养殖系统营养物质传输效率，降低环境中碎屑残留量，减少养殖排污，具有良好的生态效益，其中以草鱼-鲢-对虾 2 养殖模式效果最佳。

通过综合评价以上 6 种养殖模式的系统产出、氮磷利用率、能量利用与转化效率、营养物质传输效率、底泥污染状况、系统环境残留等指标，优化出的草鱼-鲢-凡纳滨对虾多营养层次生态养殖模式关键要素

是：草鱼放养密度为 7 700 尾/公顷（放养规格：100 克/尾）、鲢 2 300 尾/公顷（放养规格：140～145 克/尾）、凡纳滨对虾 20 万尾/公顷（放养规格：2～2.5 厘米）；草鱼投喂膨化饲料，分别于 08:00、10:00、13:00 和 16:00 投喂，日投饵量为草鱼生物量的 2%～3%，对虾不投喂；养殖过程中不换水；06:00 需开启增氧机，开机时间视水温、天气、鱼类活动等情况而定。实际应用过程中，若对虾采用投饵养殖方式，可适当提高草鱼和凡纳滨对虾的放养密度，以进一步提高池塘养殖的经济和生态效益。

以往人们习惯以产量高低作为养殖效益评价的主要指标。但是盲目追求高产必定伴随着水质污染严重、底质恶化、病害严重等问题。因此，提高投入品（饲料和光能）的利用与转化效率，减少能量沉积和浪费，是现代水产养殖实现可持续、稳定发展的必要途径。

第四节　典型案例

山东滨州典型案例的养殖水体盐度为 2～3，主养草鱼，套养凡纳滨对虾。草鱼亩产 500 千克左右，对虾前期不投料，后期投喂（50 千克虾投喂约 25 千克虾料），对虾产量高达 4 500 千克/公顷；若全程不投喂，凡纳滨对虾平均产量 1 500～2 250 千克/公顷，套养凡纳滨对虾后，经济效益提高 35%～40%（彩图 4）。山东东营典型案例养殖水体盐度为 3～4，主养草鱼，套养鲢、鳙和凡纳滨对虾，放养草鱼 3 000 尾/公顷，规格 4～6 尾/千克；套养鲢和鳙 750 尾/公顷，规格 20 尾/千克；凡纳滨对虾 45 万尾/公顷。对虾不投喂，草鱼投喂量约 6 750 千克/公顷。收获时鱼产量 3 750 千克/公顷，凡纳滨对虾产量 2 250 千克/公顷。山东德州禹城典型案例养殖水体盐度为 1～2，池塘以培育草鱼鱼苗为主，混养凡纳滨对虾，凡纳滨对虾产量最高达 2 250 千克/公顷（养殖后期投喂对虾颗粒饲料，50 千克虾投喂 15 千克虾料），经济效益可提升 30%以上。

第五节　经济、生态及社会效益分析

我国有盐碱土地 5 亿多亩，其中 1 亿多亩属低洼盐碱地。开发这部

分国土资源，是国家的重大需求之一。低盐水草鱼-鲢-凡纳滨对虾多营养层次生态养殖模式以"高效、生态、安全"养殖为目标，是利用科学方法优化出的经济、生态效益双赢的一种模式。通过建立"北方盐碱地渔业开发协作组"、召开学术研讨会和经验交流会等方式，将该模式在山东低洼盐碱地区示范推广，如山东东营（利津县）、德州（禹城市）和滨州（博兴县）等，较传统的低洼盐碱地鱼类混养模式，该模式经济效益提高35%～40%，养殖尾水有机物含量降低37.2%，经济、生态效益明显。

通过上述地区的示范带头作用，提高了养殖户对低洼盐碱地养殖新技术的认知，带动了3个品种养殖技术体系优化提升，尤其是推动了凡纳滨对虾盐碱水养殖业的发展，加速了山东省渔业产业结构调整，提高了盐碱地区渔民生产的积极性。推广过程中，通过发挥"渔民专业合作社＋渔民"产业组织模式的作用，发挥现代渔业示范园区、现代渔业发展平台项目等的支撑和载体作用，加强了养殖从业者的技术培训，累计培训渔民上千人次，发放养殖手册千余份，专家现场指导近百次。同时，推广普及生态健康养殖知识，提高渔民健康养殖观念，起到宣传绿色、健康、可持续发展的水产养殖的目的。此外，低盐水"草鱼-鲢-凡纳滨对虾"多营养层次生态养殖模式为构建资源节约、环境友好的现代渔业提供了一条有效途径，为实现水产养殖健康可持续发展提供了技术支持和保障，在有效提高单位面积养殖产量的同时，保障水产品质量安全，带动储藏加工、冷链物流等产业的快速发展，社会效益突出。

浅海贝藻参多营养层次综合养殖模式

第一节 模式介绍

一、模式概述

浅海是我国海水养殖业发展的主战场，其产量占我国海水养殖总产量的一半以上，在浅海开展养殖的种类涵盖鱼、贝、藻、参等多个营养级物种，构建并实践浅海多营养层次综合养殖模式是实现资源环境约束下浅海养殖业高质量发展的有效途径。多营养层次综合养殖的理论基础在于，由不同营养级生物组成的综合养殖系统中，投饵性养殖生物功能群（如鱼、虾类）产生的残饵、粪便、营养盐等有机或无机物质成为其他类型养殖生物功能群（如滤食性贝类、大型藻类、腐食性生物）的食物或营养物质来源，将系统内多余的物质转化到养殖生物体内，达到系统内物质的有效循环利用，在减轻养殖对环境的压力的同时，提高养殖品种的多样性和经济效益，促进养殖产业的可持续发展（彩图 5）（Chopin et al.，2001；Troell et al.，2003；Neori et al.，2004；Ridler et al.，2007；Soto，2009；方建光等，2020）。贝、藻类是我国海水养殖的主要种类，养殖产量占海水养殖总产量的 83%，以贝藻为主体的多营养层次综合养殖模式是浅海养殖的主要形式。本章将以滤食性贝类（以牡蛎为例）-大型藻类-海参和鲍-大型藻类-海参两种模式作为典型案例进行介绍。

二、技术原理

浅海多营养层次综合养殖模式的技术原理是根据不同类型生物功能群的生物学和生态学特性，基于不同物种互利关系、物质循环

与能量多级利用、环境自净等系统思想和生态学原理，结合养殖设施的生态工程化设计，构建具有较高经济、社会和生态效益的多营养层次综合养殖生态系统，达到资源的多层次和循环利用，提高养殖生态系统的稳定性和生产力，实现养殖活动与生态环境保护的协调与平衡。

在牡蛎-海带-海参综合养殖生态系统中，牡蛎通过滤水和生物沉积作用降低水体中颗粒物含量，增加水体透明度，有利于海带和浮游植物进行光合作用；海带和浮游植物利用牡蛎和海参代谢过程中释放的游离二氧化碳和氨氮作为原料，通过光合作用产生溶解氧反馈给牡蛎和海参；海参利用海带碎屑及牡蛎产生的生物沉积物作为食物来源；作为一个开放的生态系统，海带-牡蛎-海参综合养殖系统通过不断地与外界环境进行物质和能量的交换来维持生态系统的有序性。在鲍-海带/龙须菜-海参多营养层次综合养殖模式中，海带、龙须菜等大型经济藻类是鲍的优质饵料，鲍养殖过程中产生的残饵、粪便以及大型藻类碎屑等颗粒态有机物质沉降到底部作为海参的食物来源，鲍、海参呼吸和排泄等生理活动产生的无机氮、磷营养盐及二氧化碳可以提供给大型藻类进行光合作用。这种贝-藻-参综合养殖模式既可以提高水体空间利用率和养殖设施利用率，又可以有效维持生态系统中溶解氧、二氧化碳以及氨氮水平的平衡和稳定，降低沉积环境有机负荷，取得显著经济效益的同时，减轻规模化养殖活动对资源和环境的压力。

第二节　技术和模式发展现状

综合水产养殖在中国有悠久的历史，明末清初兴起的"桑基鱼塘"是一种早期的综合养殖方式。基于中国的综合水产养殖理念，2004 年，加拿大 Chopin 和 Taylor 将多营养层次种类的养殖（Multi-trophic Aquaculture）与综合养殖（Integrated Aquaculture）合并，提出了多营养层次综合养殖（IMTA）理念，由此，国内外学者们开启了 IMTA 基础理论与实践的探索。加拿大科学和工程研究委员会（NSERC）专门成立了一个 IMTA 研究网络（CIMTAN）推动 IMTA 的相关研究，在芬迪湾（Fundy 湾）开展了大西洋鲑（*Salmo salar*）-紫贻贝（*Mytilus edulis*）-

糖海带（*Saccharina latissima*）综合养殖模式的小规模实践，取得了非常积极的效果；随后，欧洲国家也迅速跟进，以挪威为代表，在 2004—2016 年连续设立了 INTEGRATE（2006—2011）、EXPLOIT（2012—2015）等 5 个 IMTA 专项来推进 IMTA 模式关键过程研究及实施效果验证；由苏格兰海洋科学联盟牵头实施的欧盟第七框架计划"Increasing Industrial Resource Efficiency in European Mariculture"（IDREEM）项目（2012—2016）联合了来自 7 个国家 15 个参加单位的研究团队来探讨构建 IMTA 模式的关键技术（方建光等，2020）。经过一轮轰轰烈烈"头脑风暴"式的基础理论研究及小规模实践热潮后，国际上 IMTA 的发展在近几年进入了瓶颈期，在尝试将 IMTA 推向产业化的关键环节遇到了非常大的挑战。

现代水产养殖业的发展极大地推动了我国综合养殖方式的新探索（董双林，2015）。我国浅海多营养层次综合养殖模式的探索始于 20 世纪 90 年代中期对海水养殖系统养殖容量的研究。多年来，随着养殖品种的多样化，养殖模式也由海带、扇贝等品种的单养模式逐步发展成混养、多元养殖模式，并随着对海水健康养殖模式科学内涵的认识不断深入，与国际上多营养层次综合养殖的提法实现了统一。得益于我国海水养殖种类的丰富性、养殖方式的多样化、养殖产业的规模化，在养殖容量评估、可持续产出机理等关键核心技术的支撑和指导下，我国浅海多营养层次综合养殖产业化程度走在了世界的前列。

近些年来，以多营养层次综合养殖为代表的生态系统水平的海水养殖模式依然是国际上关注的热点。在基础研究方面，对不同类型生物功能群在多营养层次综合养殖系统中的生态作用由定性描述向定量解读转变，更加重视基于生态系统动力学模型来揭示多营养层次综合养殖系统中不同类型生物功能群间的互利关系及生态转换效率；在产业化推广方面，加拿大、挪威等国家将滤食性贝类作为工具种来减轻大西洋鲑养殖的负面环境效应的积极效果已经显现，正在将多营养层次综合养殖向产业化推进（Smaal et al.，2019）。我国的浅海多营养层次综合养殖虽然取得了一定的进展，但养殖的结构、布局、品种搭配等尚有待进一步优化，单位面积的生产效率仍有提升空间。

<h2>第三节　技术和模式关键要素</h2>

<h3>一、牡蛎-海带-海参多营养层次综合养殖模式</h3>

1. 选址

养殖海域应选择海水盐度稳定、海流通畅、周围无污水排放源、无大量淡水注入的海域，同时，海水的流速较大，而风浪较小。在冬季大潮低潮时能保持 5 米以上水深，水深在 10～30 米的海域最为合适。海水的透明度为 1～3 米，水质符合《渔业水质标准》。海参底播区域底质为岩礁或泥沙底质。

2. 养殖设施

采用筏式养殖方式，每个养殖单元由 30～40 台浮筏组成，每个浮筏的有效长度为 100 米，筏架采用海珍礁式生态砣体（图 3-1）固定，重 2～3 吨，钢筋混凝土材质。使用直径 30 厘米的 HDPE 材质生态浮漂，筏架间距 5～6 米，顺流而设。新筏架需根据生产季节，提前 1～2 个月准备、建造。海珍礁式生态砣体需提前 2 个月建造。每 200 亩配置养殖船一艘，2 名管理人员；每 500 亩配备潜水设备一套，潜水员 1 名。建造筏架等工作所需船只，可通过租用形式临时配备。

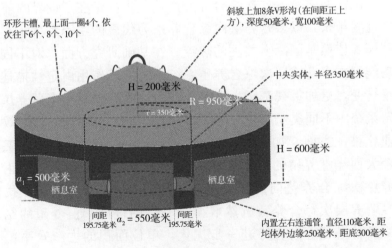

图 3-1　海珍礁式生态砣体示意图

3. 苗种放养

采用具有苗种生产许可证单位生产的苗种，苗种必须经过检验检疫合格后方可使用。海带苗种体长应大于 15 厘米，苗种完整，无损伤，颜色饱满透亮，无病害。选择具有生长快、病害少等特点的牡蛎苗种，单体牡蛎苗种壳长在 3 厘米以上。海参苗种规格 20～30 头/千克。

海带苗运输时要防晒，禁止干露和强光刺激，途中随时泼洒海水，保持幼苗湿润。牡蛎苗种运输采用泡沫箱，装箱前要清洗掉附着污物，箱内放置冰袋降温。海参苗一般采用塑料袋干运。把装有苗种及附着基的塑料袋充氧后扎口，放于泡沫箱中，箱内放置冰块。此法运输时间在 8 小时以内效果较好。

海带夹苗时间视水温而定，一般秋季水温降到 20℃ 以下时，便可开始夹苗。北方海域一般在 11—12 月进行。一般北方海区水温在 10℃ 左右时放牡蛎苗，也就是春季的 5—6 月。海参苗种放养在春季或秋季进行，海水水温 10～20℃。通常，春季 4—5 月放苗，秋季 10—11 月放苗。

应选择风浪小、日照弱的天气放苗，整个过程中要避免日光直晒，保持苗种湿润，尽量缩短操作时间。海带苗需要提前在室内夹在聚乙烯苗绳上，夹苗前应将苗绳在海水中浸泡，夹苗时幼苗的根部必须夹于苗绳的圆心深处，整齐地夹在苗绳的同侧。苗种应当天采、当天夹、当天挂，减少海带苗露空时间；初挂水层不能过浅，如透明度 1 米左右，初挂水层为 80～120 厘米。挂苗时应轻拿轻放，以防伤苗、脱苗。牡蛎苗种应清除污物和空壳，用自然海水冲洗干净，将规格相近的苗放在相同的养殖笼中，每层放苗密度应当一致。吊养深度 1.0～1.5 米，比海带苗绳吊挂深度深 0.5 米左右。海参苗种运到后，塑料袋先不开口，放在目标海区海水中浸泡一段时间，待袋内外温度一致后，开袋把苗种均匀播撒到生态砣体布放区域。这一操作应在最低潮时进行。放养密度如下。

（1）海带苗绳长 2.5 米。每根苗绳夹苗 32 棵，苗绳间隔 1.15 米，每 100 米筏架苗绳数量约 87 绳，每亩约 3 500 棵。

（2）牡蛎可采用两种养殖方式进行养殖：①单体牡蛎使用网笼进行养殖，网笼直径 28～32 厘米，10～15 层，网孔大小根据牡蛎苗种规格设置，间隔 2 条海带苗绳吊 1 个网笼，每层 20～30 个，每亩约10 000 个；②传统吊绳养殖牡蛎在放苗时与海带间养，每 2 条海带绳间吊挂 1 绳牡蛎，每绳牡蛎苗种数量在 200 粒左右。

（3）海参放养在海珍礁式生态砣体区域，放养密度为 2 000～3 000头/亩。

4. 日常管理与收获

日常管理要求定期清理污损生物，维护生产设施，增加浮漂，防止筏架下沉；定期监测水质指标、饵料生物等与生产密切相关的环境因子；对养殖区域进行编号、记录，做到产品可追溯。

收获时，海带以养殖海域有部分海带开始烂边为准，收获时间一般在 4—8 月；吊绳牡蛎养殖时间为 14～18 个月，收获时间一般在翌年夏季或秋季；而单体牡蛎养殖时间一般为 2～3 年，牡蛎收获时机需要根据市场需求和牡蛎肥满度而定。牡蛎收获后，要及时补充苗种继续养殖；海参生长到体重 150 克/只以上时，即达到商品规格，通过潜水员采捕收获。采取轮捕轮放的养殖策略，收获后及时补充苗种。春季和秋季水温在 10～20℃时，海参活动力强，较易收获。

二、鲍-海带/龙须菜-海参多营养层次综合养殖模式

1. 选址及生态环境条件要求

实施贝藻综合养殖的海区应选择水质优良的近岸水域，底质以平坦的泥沙底为宜，便于筏架设置；水深要求大潮时能保持 5 米以上，水深 20 米左右的海域较为适宜；潮流中等偏大（0.3～0.8 米/秒），过大则不利于贝类的生长；海区浪小，往复流，还需兼顾贝类对浮游植物的要求，因此透明度不可过大，1～3 米为宜；海区营养盐丰富，无工业或生活污水污染，水质指标符合《渔业水质标准》。

2. 筏架的建设要求

筏架的方向和海水的流向一致，筏架梗绳使用直径 2.4 厘米的聚乙烯绳，总长度 150 米，其中可养殖利用长度 100 米，筏架两边根绳各 25 米，筏架间距 5 米。浮漂直径 30 厘米，养殖初期大约每绳 20个浮漂，之后随养殖生物的生长逐渐增加浮漂数量。筏间距为 4～5米。大型藻类以海带为例，两根筏架间平挂两条养殖绳，养殖绳之间使用八字扣进行固定，便于吊挂和采收。养鲍笼为深色聚乙烯或无毒

聚氯乙烯制成的塑料箱，分为 3 层，每层规格 40 厘米×30 厘米×12 厘米。

3. 苗种放养及管理

鲍养殖方式采用"南北接力"养殖模式，每年 11 月，将壳长 2～3 厘米的鲍苗放入养殖笼中，用船运至福建等适宜皱纹盘鲍生长的南方海域养殖；翌年 5 月再用船运至黄渤海适宜区域继续养殖，养殖到翌年 11 月即可收获。每台筏架等间距吊挂养鲍 38～40 笼。每层放苗 55～60 粒。投喂饵料以鲜嫩海带、龙须菜为主，春、夏季 3～4 天投喂 1 次，秋、冬季 4～5 天投喂 1 次，日投饵量为鲍体重的 15%～20%。当鲍苗达到各级培育要求规格时，及时合理疏散密度。定期清除附着的贻贝、牡蛎、藤壶、海鞘、海葵等污损生物。定期检查养殖器材，发现损坏及时修补。

海带和龙须菜采用平挂法、季节性接力式养殖，每台筏架 85～90 绳。海带养殖周期为 11 月至翌年 5 月。幼苗长到 15 厘米以上即可分苗，分苗时将苗绳上的幼苗剔下夹到苗绳上。夹苗前先将苗绳在海水中浸泡，使苗绳处于湿润状态。采取单株夹苗，株间距为 7～10 厘米。初挂水层为水下 80～120 厘米，根据透明度的变化适时提升水层，当水温上升至 12℃以上时，提升到水下 30～40 厘米水层。龙须菜养殖周期为每年 6—10 月，海带收获后，即可开始在空闲筏架上开始龙须菜多茬养殖。选择生长良好、鲜活饱满、次生分枝多、颜色紫红、杂藻较少的龙须菜藻体末端部分作为苗种。每株长 10～40 厘米。夹苗前 3 天，苗绳应处理：新苗绳用海水浸泡 1 天；旧苗绳需经消毒、洗净、浸泡至中性后使用。采用单簇夹苗法。夹苗量为每米苗绳 100～400 克，每隔 5～10 厘米夹一簇苗，每簇 10～40 克。将夹苗后的苗绳两端与相邻浮缏上的吊绳相连接。光照较强时，养殖水层调节至水下 0.5～1.0 米；光照较弱时，养殖水层调节至水表层。养殖期间光照度在 4 000 勒克斯左右为宜。

4. 收获

鲍达到一定规格后（壳长 7～8 厘米）即可收获，一般在秋、冬季收获；海带在 5 月中上旬，鲜干比达到（7～8）：1 即可间收，水温 15℃以上可整绳收割；每茬龙须菜经过 25～35 天的生长，每米苗绳达到 2～3 千克，连同苗绳一起收获。

第四节　典型案例

桑沟湾位于山东半岛东部沿海（37°01′N—37°09′N，122°24′E—122°35′E），为半封闭海湾，北、西、南三面为陆地环抱，湾口朝东，口门北起青鱼嘴，南至楮岛，口门宽 11.5 千米，呈 C 状。海湾面积 144 千米²，海岸线长 90 千米，湾内平均水深 7～8 米，最大水深 15 米，是我国北方典型的养殖海湾之一。该湾自 20 世纪 50 年代开始就开展了海带的筏式养殖，目前养殖活动已经延伸至湾口以外，养殖品种达三十多种，养殖模式达十几种。随着桑沟湾养殖品种的多样化，近年来，为了加强桑沟湾的保护和合理利用，基于科研机构、高等院校等的研究成果，荣成市委、市政府实施了"721"湾内养殖结构调整工程（即总养殖面积中大型藻类种类占 70%，滤食性贝类种类占 20%，投饵性种类占 10%），养殖模式由海带、扇贝等品种的单养、混养、多元养殖模式，逐渐发展成为规模化的多营养层次综合养殖，并通过与中国水产科学研究院黄海水产研究所、中国科学院海洋研究所、天津大学、华东师范大学、中国海洋大学等科研院所、高等院校联合打造"政产学研用"合作平台，以"示范企业＋核心示范区"的形式实现了产业化推广。该地主要的养殖模式有滤食性贝类-大型藻类-海参多营养层次综合养殖模式、鲍-海带/龙须菜-海参多营养层次综合养殖模式等（图3-2）。

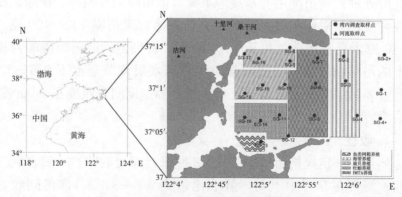

图 3-2　桑沟湾区位图及湾内养殖类型格局

在桑沟湾南岸，以荣成楮岛水产有限公司为依托，实施了牡蛎-海带-海参多营养层次综合养殖模式（图3-3）。养殖筏架总长度150米，其中可养殖利用长度100米，筏架间距5米。海带养殖绳长2.5米，绳间距1.15米，每台筏架养殖87绳，两筏架间平挂两条养殖绳，养殖绳之间使用八字扣进行固定，便于吊挂和采收。牡蛎笼吊绳粗0.4厘米，长3.0米，吊笼间距2.3米，每两个吊笼间隔1绳海带，每台筏架吊养43笼。每4台筏架为一个养殖单元。每30～40台筏架组成一个养殖小区，4个小区组成一个大区，每个大区设置160～180台筏架，呈"田"字形排列，作业区之间由养殖航道进行间隔，小区航道间距30～40米，大区航道间距80～100米。建立了2 000亩核心示范区，结果表明，将不同营养层次生物功能群进行合理搭配，在充分利用养殖水域和养殖设施的同时，实现了养殖活动和环境保护的和谐发展。

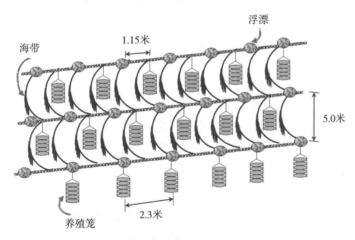

图3-3　滤食性贝类-大型藻类综合养殖模式示意图

在桑沟湾北岸，以威海长青海洋科技股份有限公司为依托，实施了鲍-海带/龙须菜-海参多营养层次综合养殖模式（图3-4），每台筏架悬挂约30个网笼，网笼所处水深约为5米，每个网笼养殖约280头壳长在3.5～4厘米的鲍。海带水平悬挂于鲍网笼之间。每条绳上养殖约30棵海带，每条海带养殖绳间距1.5米。将海参作为修复工具种纳入该IMTA系统，鲍养殖笼每层放养海参2～3头，每笼3层，放养规格60～80克/头，放养时间为9月，到翌年5月海参平均体重可达150～200克。

利用海洋生物指数（A Marine Biotic Index，AMBI）法和水产养殖环境监测与评估模型（Monitoring Ongrowing Fish Farms Modelling，MOM），基

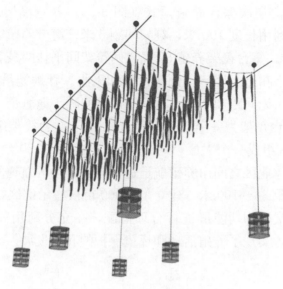

图 3-4　鲍-海带-海参综合养殖模式示意图

于沉积物氧化还原电位、pH、硫化物含量、大型底栖动物群落结构组成等指标，对桑沟湾的沉积环境质量状况进行了监测与评估。结果表明，桑沟湾虽然经历了 30 多年的规模化养殖，但沉积环境质量仍然处于优良水平。对水体营养盐的监测结果表明，与我国北方养殖性海湾胶州湾、乳山湾相比，桑沟湾水体的营养盐含量处于较低水平，湾内水体环境良好（唐启升等，2017）。

　　产出的产品品质方面，浅海多营养层次综合养殖模式产出的海带产品与传统养殖方式的相比，碳含量平均提高 3.66%，氮含量平均提高 7.28%，蛋白质含量平均提高 4.88%，可溶性蛋白含量平均提高 80.74%，褐藻胶含量平均提高 6.51%，锌、镁、铁、钠、钾、钙等微量元素含量平均提高 0.3%～24.2%，特别是锌含量提高了 24.2%，总氨基酸含量平均提高了 22.8%；单体牡蛎的平均肥满度增加了 7%。综合养殖产品的品质显著提高。山东宏业食品有限公司下属的荣成宏业水产食品有限公司申请的扇贝和海带无公害农产品获农业部农产品质量安全中心认证，并于 2016 年 11 月获颁"无公害农产品证书"，该公司确权的养殖海区 2016 年 9 月被山东省海洋与渔业厅认定为"山东省无公害农产品产地"。威海长青海洋科技股份有限公司申请并获得了海带有机产品认证。

在科技成果的支撑下，示范企业荣成楮岛水产有限公司被确定为国家级海洋牧场示范区、全国休闲渔业示范基地、省级休闲海钓示范基地、威海市龙头企业等；威海长青海洋科技股份有限公司被确定为全国现代渔业种业示范场、国家高新技术企业、国家级海洋牧场示范区、威海市市级海洋牧场示范区等。

著名海洋渔业生物学家、有"大海洋生态之父"美誉的全球大海洋生态系统研究的发起人，美国国家海洋与大气管理局（NOAA）的 Ken Sherman 博士在 2012 年出版的题为 "*Frontline Observations on Climate Change and Sustainability of Large Marine Ecosystems*" 的 UNDP/GEF 报告中评价了桑沟湾实施的多营养层次综合养殖成果，认为中国实施的多营养层次综合养殖模式是一种实现养殖系统能量高效利用、改善水质、提高蛋白质产量、扩大近海海域养殖容纳量的有效途径，这种养殖模式通过养殖生物对碳的移除，有助于缓解全球气候变化带来的负面影响；并认为这种养殖模式对保障人类食品安全，减轻环境压力具有不可估量的作用，应该向全世界进行推广。

第五节 经济、生态及社会效益分析

一、经济效益

在 2017 年的一次测产中，桑沟湾牡蛎-海带-海参多营养层次综合养殖模式中，海带的平均湿重可达 1.22 千克，常规养殖方式的海带平均湿重为 0.83 千克，海带平均增重 47.0%。综合养殖区海带的出成率（干海带）为 14.2%，而常规养殖方式的海带出成率为 12.5%。综合养殖区养殖的海带干品成色较好，干海带平均价格要比常规养殖海带高 10%。综合养殖模式可节省劳动力成本 15.38%，养殖经济效益比常规养殖方式高 54.60%。此外，综合养殖区的单体牡蛎由 2016 年 5 月投放苗种时平均 6.25 克/粒增重到目前的 124.73 克/粒，牡蛎每亩增加 815 元收益，海参每亩增加 500 元收益，进一步提高了浅海筏式养殖的经济效益。2017—2019 年连续三年的测产结果表明，综合经济效益提升幅度稳定在 40% 以上。

按照一个养殖单元 4 台筏架来计算，鲍-海带综合养殖系统共养殖 33 600 头鲍和 12 000 棵海带。海带自 11 月开始养殖直到翌年 6 月结束。海带达到 1 米长后便可以用于饲喂鲍，鲍网笼至少应该每周清理一次，在这种养殖方式下，鲍在两年内就可以达到上市规格（8～10 厘米）。约 2 年的养殖周期结束时，鲍的亩产量可达 900 千克，产值可达 6 万多元。海参放养时间为 9 月，到翌年 5 月平均体重可达 150～200 克/头。按笼养鲜海参每千克 140 元计算，海参与鲍混养后，每笼平均经济效益可增加 210 元，每个养殖单元（4 条浮绠）鲍与海参混养后可增加产值 16 800 元，扣除海参苗种费用（每头按 5 元计算），每笼可增加毛利 180 元，每条浮绠可增加毛利 3 600 元。

二、生态效益

牡蛎-海带-海参综合养殖除了具有经济效益外，还具有显著的生态效益。牡蛎、海带和海参均属于非投饵型养殖生物，它们滤食浮游植物、颗粒有机物质，摄食沉积物和光合作用等生命过程从水体中大量吸收碳、氮等生源要素，人们通过收获把这些已经转化为生物产品的碳、氮等生源要素移出水体，或这些产品被再利用/储存，形成"可移出的碳汇"。综合养殖模式对水体二氧化碳分压（$p\text{CO}_2$）具有显著的控制作用，合理贝藻配比（长牡蛎：海带湿重比约 1：1.6）可以有效缓解海洋酸化胁迫对长牡蛎等滤食性贝类摄食、代谢生理活动产生的影响。研究表明，北方典型规模化多营养层次综合养殖海湾-桑沟湾年际尺度表现为"碳汇"，固碳强度 1.39×10^5 吨/年（Jiang et al.，2015），中国的规模化养殖显著增加了近海生态系统对大气中 CO_2 的吸收能力。

碳收支研究结果表明，每收获 1 千克（湿重）的鲍，所摄食吸收的碳约为 2.15 千克，其中约 12% 用于壳及软组织的生长，33% 作为生物沉积沉降到海底，55% 通过呼吸及钙化过程释放出 CO_2 并回归水体。鲍养殖过程中排泄、排粪产生的生物沉积碳约 0.71 千克，其中，10% 为海带吸收再利用，其余的 90% 与海带残饵（0.37 千克碳）作为海参的食物来源，约 69% 被海参同化，剩余的 21% 沉入海底；鲍呼吸和钙化过程中产生的 1.18 千克溶解 CO_2 以及海参呼吸产生的 0.09 千克溶解 CO_2 为海带光合作用提供了 52% 的无机碳源（图 3-5）。因此，鲍-大型藻类-海参综合养殖模式在增加经济效益的同时，能够有效地移除海洋中的碳（唐启升等，2013）。

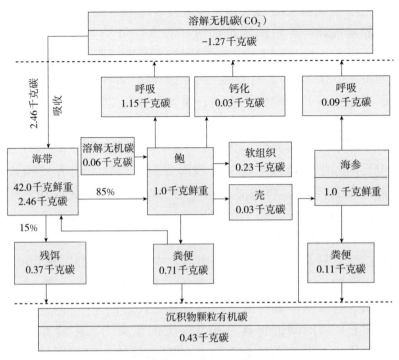

图 3-5 鲍-海带-海参综合养殖系统中的碳收支

多营养层次综合养殖模式不仅具有食物供给功能，同时还具有气候调节、文化服务等生态服务功能。根据 Costanza 等（1997）提出的17 种主要价值参数，结合市场价值评估和碳税法，对桑沟湾 3 种不同养殖模式（鲍单养、海带单养和海带-鲍-海参综合养殖）的食物提供价值和气候调节价值进行评估，结果表明，海带-鲍-海参综合养殖模式所提供的价值远高于鲍单养和海带单养，如食物供给功能服务价值比分别为 2.06∶1 和 9.83∶1，气候调节功能服务价值比分别为 1.68∶1 和2.85∶1（刘红梅等，2014）。

三、社会效益

浅海多营养层次综合养殖模式的实施有效提升了海水养殖的科技水平和产业形象，降低了工人的劳动强度，提高了生产效率，相关内容被制作成了中英文专题培训教材及宣传片，并在中央电视台《科技苑》《农广天地》《生财有道》等栏目播出；在政府主管部门、科研院所、高等院校的共同努力下，组织了浅海多营养层次综合养殖模式与

技术和生态系统水平的海水养殖可持续管理等方面的技术培训 7 次（包括多营养层次综合养殖国际培训班、滤食性贝类生理能量学测定技术国际培训班等国际培训 3 次），累计培训从业人员 1 200 余人次（其中国外学员 130 余人次），有效带动了当地海水养殖业的发展。示范基地承接了来自挪威、加拿大、美国、澳大利亚等 20 余个国家的国际知名专家的现场考察；相关专家应邀在世界水产养殖大会、欧洲水产养殖大会、亚洲水产养殖大会、北太平洋海洋科学组织（PICES）专题研讨会等重要国际学术会议上作关于浅海多营养层次综合养殖模式与技术的特邀报告 10 余次，将浅海多营养层次综合养殖模式成功实现产业化的经验输出到"一带一路"沿线国家，为世界海水养殖业的可持续发展贡献了"中国智慧"。

可持续发展是现代化的永恒主题。在"绿色发展"理念的引领下，以"提质增效、减量增收、绿色发展、富裕渔民"目标为导向，以多营养层次综合养殖模式等健康养殖模式为代表的海水养殖新生产模式，在未来很长一段时间仍将具有非常强大的生命力。多营养层次综合养殖模型的优化、基于养殖容量评估的海水养殖空间规划、关键生物功能群种类的发掘和配置等科学问题尚需要继续持续、深入地开展研究，进而为我国海水养殖业的绿色高质量发展提供路径选择和技术支撑。

内湾鱼贝藻多营养层次综合养殖模式

第一节　模式介绍

一、模式概述

内湾多营养层次综合养殖模式充分利用养殖海湾的物质和能量、生物间的生态互利性及养殖水域对养殖生物的容纳量，合理搭配不同营养级生物（例如鱼类、滤食性贝类、大型藻类等）的比例，使具有某类功能的养殖生物能利用另一功能养殖生物的代谢产物，将系统内多余的营养物质转化到养殖生物体内（Troell et al.，2009），即养殖系统中一些生物释放或排泄到水体中的废弃营养物质成为另一些生物的营养物质来源，进而实现养殖系统内物质循环利用、水质调控、生态防病及质量安全控制等目的，使系统具有较高的容纳量和经济产出，是一种生态系统水平的适应性管理策略（唐启升等，2013）。

IMTA 在设计之初就有一个或几个主要养殖品种（Silva et al.，2012）。鱼藻多营养层次综合养殖主要包括鱼类养殖单元和藻类养殖单元，其中鱼类养殖单元是系统运转中心，藻类养殖单元则属于系统辅助单元。例如，在投饵型鱼类（网箱）-大型藻类-碎屑食性鱼类的IMTA 模式中，网箱养殖鱼类为目标养殖生物，而大型藻类和食碎屑的鱼类往往是辅助养殖品种，大型藻类主要用于吸收利用营养盐，碎屑食性鱼类主要用于清除残饵、粪便等。鱼贝藻多营养层次综合养殖模式中，藻类可以吸收和转化鱼和贝排泄的无机营养盐，并为鱼、贝提供溶解氧。双壳贝类可滤食鱼类粪便、残饵及浮游植物形成的悬浮颗粒有机物等。IMTA 使营养物质在生态系统实现了流通、再循环，降低了环境压力。多营养层次综合养殖理念是生态养殖的核心，也是健康养殖的基础，能够促使水产养殖业向"高效、优质、生态、健康、安全"的环境友好型发展，是世界水产养殖业的发展趋势（唐启升，2017）。

二、技术原理

1. 鱼类代谢

网箱养鱼输出的废物主要包括未食的饲料、排泄和排粪等。未食的饲料与粪便主要以固态形式排放，而氮排泄物以液态形式排放。无论是精养还是半精养网箱养鱼都需要投喂饲料，而投喂的饲料总有一部分由于投喂量过高、投喂方式不当等原因不能被网箱养殖的鱼类摄食。比如，鲑鳟鱼类的残饵量少至1%，多达30%。鱼类摄食的饲料中未被消化的部分连同肠道内的黏液、脱落的细胞和细菌作为粪便排出。以鲑鳟为例，典型商品饲料的消化率大约74%，消化100克饲料的排粪量是25~30克（干重）（刘家寿等，1997）。象山港网箱养殖鲈的平均排粪量为2.8克/（尾·天），平均排粪率为6.5%（65毫克/克）（宁修仁和胡锡刚等，2002）。鱼类摄食的饲料中消化的部分被吸收和代谢，所吸收的营养物中有一部分作为氨和尿素被排泄。鲈、大黄鱼等真骨鱼类的氮排泄物主要为氨和尿素，它们主要通过鳃排泄，少量随尿液排出，在大多数情况下，氮是最主要的排泄物，氨氮占总氮的80%~98%。南沙港共有网箱约4 000个，每个网箱放养1 000尾左右，每箱产量约250千克，年产量约1 000吨，鲈约占养殖总量的75%，大黄鱼约占25%（美国红鱼和真鲷养殖数量较少，忽略不计）。根据宁修仁等（2002）研究出的鲈和大黄鱼等不同季节的排泄速率（表4-1），结合网箱养殖鱼类现存量，计算出春、夏、秋和冬季养殖鱼类的氮排放量分别为4.62吨、15.59吨、8.96吨和2.81吨。

表4-1　各季节鲈和大黄鱼氮排泄率与排泄量

季节	鲈			大黄鱼		
	氮排泄率* [微克/（克·小时）]	养殖总量 （吨）	氮排泄量 （千克/天）	氮排泄率* [微克/（克·小时）]	养殖总量 （吨）	氮排泄量 （千克/天）
春季	0.994	330	7.87	15.08	120	43.43
夏季	7.58	480	87.32	21.06	170	85.92

（续）

季节	鲈			大黄鱼		
	氮排泄率* ［微克/（克·小时）］	养殖总量 （吨）	氮排泄量 （千克/天）	氮排泄率* ［微克/（克·小时）］	养殖总量 （吨）	氮排泄量 （千克/天）
秋季	1.702	660	26.96	13.76	220	72.65
冬季	0.011	750	0.20	5.17	250	31.02

注：* 表示数据源自宁修仁等，2002。

2. 贝类对颗粒物的利用

滤食性双壳贝类的滤食系统十分发达，具有很强的滤水能力，如牡蛎、贻贝、扇贝和蛤的滤水率均可达到5升/（克·小时），常被称作"生物滤器"，它们能够过滤大量细小的颗粒物质，包括浮游植物、浮游动物、微生物以及有机碎屑等，粒径从几微米到1 000微米，使颗粒物质的组成和密度发生变化，并以粪便及假粪的形式沉积于海底（曲克明等，2006；张延青等，2011）。

滤食性贝类因其摄食器官（鳃、唇侧触手等）具有分泌黏液和化学感知等功能而具有选择性摄食的能力，它们可通过改变滤食率来适应外界食物条件的变化。当颗粒物质浓度增加时，贻贝的滤食率下降，但吸收率增加；当食物中有机物含量较少时，贻贝的滤食率则会增大（秦培兵，2000）。滤食性贝类的选择性摄食作用导致了浮游植物群落结构的变化，例如背角无齿蚌的高强度滤食能够显著降低所有浮游藻类的数量及生物量，同时也改变了养殖系统中浮游藻类的群落结构，提高了水体透明度。双壳贝类的滤食作用对水体中的浮游生物群落及颗粒有机物浓度有很大的影响。贻贝能在4～7天内将荷兰的东斯海尔德水道（Oosterschelde）湾和西瓦登（Western Wadden）湾这类混合均匀的海区过滤一遍（吕旭宁，2017）。双壳贝类对颗粒物质沉降的数量和范围与养殖贝类的规模和养殖区水动力学条件密切相关。在水交换较弱的区域，贝类能够加速有机物的沉积，而在水交换能力较强的区域，有机物沉积速率不会显著变化。如果滤食性双壳贝类的养殖密度较高，会使局部的浮游植物衰减，在某种程度上可改变浮游生物的生理特性、生长率及营养质量。贝类的滤食作用可以大大地降低水体中浮游植物的丰度和颗粒有机物的浓度，进而降低水体的浊度，提高光线的穿透力，有利于底栖植物和大型海

藻的生长。

国内外大量研究表明，在健康的海岸带生态系统中，牡蛎、贻贝和蛤等滤食性双壳贝类通过滤水摄食等生理生态过程显著增强水层-底栖层的交互作用，在沿岸生态系统的物质循环及能量流动中扮演着重要的角色（Zhou et al.，2006；张延青等，2011）。近年来，滤食性双壳贝类已被用于浅海鱼虾等养殖系统的水质净化，在多营养层次综合养殖模式中，不仅可以去除水体中的悬浮颗粒物，而且能够实现生物量的增长，并利用这些废物转化为经济产品，获得较好的经济和生态效益（Dumbauld et al.，2009）。

3. 藻类对营养盐的吸收

大型藻类被称为最具潜力的生物净化器，不仅能吸收养殖动物释放到水体中的溶解性无机氮和磷等营养盐，转化为藻类自身生物量，使得海域中的氮、磷等营养物质可以被有效地移除，同时兼具产氧、固碳、调节水体 pH 等作用，而且可以作为鲍、海胆等经济动物的饵料，将低值的产品转化为营养价值和经济价值较高的产品，还可作为重要的海藻化工原料和人类食品（毛玉泽等，2018；方建光等，2020）。

关于大型藻类对营养盐的吸收动力学的报道较多。大型海藻对营养盐的吸收和生长之间存在非同步关系，通常具有强烈的氮吸收能力，多数种类具有在体内储存营养的能力，即在营养丰富的条件下积累充足的 N 库以备外界营养盐不足时补充生长的需要。毛玉泽等（2020）的研究结果表明，海带具有较高的生长速度以及光合作用产氧和营养盐吸收的能力。

当藻体处于低营养水平或处于营养饥饿的条件下，藻体通常具有较高的去除效率。海带在氮饥饿后 0.5～1 小时对总无机氮的吸收速率最高，培养 24 小时可去除介质中总无机氮（初始浓度 24.2 微摩尔/升，密度 4 克/升）的 64.2%～97.1%（毛玉泽等，2018）。将野外生长的石莼（*Ulva lactuca*）置于室内高浓度 NH_4-N 介质中后，开始 15 分钟内对 NH_4-N 的吸收超过其对氮需求量的 20 倍（Pedersen，1994）。Chapman（1977）的研究表明，海带在冬季最高氮储量可高达 150 微摩尔/克（鲜重），是环境中无机氮的 28 000 倍。掌状红藻（*Palmaria mollis*）在不同的季节和光照条件以及不同营养盐浓度下对鲍养殖排出

的氨氮吸收率不同，夏季无光照和 24 小时光照对氨氮的吸收率分别为
17.4 微摩尔/（克·天）和 31.3 微摩尔/（克·天）；添加营养盐后掌
状红藻在无光照和 24 小时光照条件下对氨氮的吸收率分别为 19.8 微摩
尔/（克·天）和 24.2 微摩尔/（克·天）（高爱根等，2005）。

大型藻类对氮磷的吸收与营养盐结构、温度和光照有关。毛玉泽
等（2018）研究表明，温度为 10℃时海带藻片对营养盐的吸收率和去
除率均大于 4℃。大型海藻石莼对氨氮的去除效率具有日变化规律，中
午的去除率能达到 96%，夜间的去除效率为 42%。不同 N/P 下，海带
对氮磷的吸收速率不同，当 N/P 为 7.4 时，海带对营养盐的吸收效率
达到最大值；温度和光照同样显著影响海带营养盐吸收效率，在温度
为 10℃、光照为 18 微摩尔/（米^2·秒）条件下，对 N 的吸收效率达到
最大值；温度为 15℃、光照为 144 微摩尔/（米^2·秒）条件下，对 P
的吸收效率达到最大值。

第二节　技术和模式发展现状

浅海海湾、河口区域是海水养殖的主战场，养殖的种类包括鱼、
贝、藻等。20 世纪 90 年代以前，受养殖设施和技术的限制，我国浅海
养殖主要在港湾内发展。90 年代以后，随着抗风浪养殖装备的应用和
养殖技术的提升，海上养殖逐渐拓展至湾外，并逐步向深水区发展。
我国东海、南海海域，因台风频发，海上养殖大部分集中在避风效果
较好的港湾内（唐启升，2017）。

港湾内养殖方式多样化，但多营养层次综合养殖较为普及。20 世
纪 60 年代，中国开展对虾与贝类混养试验，但由于受到高密度单养的
巨大经济效益驱使，综合养殖模式的生态经济和社会效益未被充分认
识。直到 20 世纪 90 年代，由于长期结构单一的超负荷养殖，中国近海
养殖生态系统稳定性降低、富营养化程度加剧、养殖病害暴发，人们
开始认识到养殖环境的重要性，逐渐在海水养殖模式改革和养殖技术
创新等方面进行有益的尝试和探索，先后开发构建了鱼-贝、鱼-藻、虾
-贝、虾-藻、贝-藻等混养模式和鱼-贝-藻、鱼-贝-藻-参等多营养层次综
合养殖模式，因其经济和生态效益显著，有的养殖模式已在国内部分
省市推广应用，取得商业上的成功，达到了产业化水平，实现了由单

纯追求养殖产量向全面优化品种结构和提升产品质量的重大转变。同时，海水健康养殖模式、碳汇渔业、生物修复技术等研究逐渐发展，养殖的集约化、规模化和现代化水平逐步提高，海产品质量和效益也不断提高（张彩明等，2012）。

作为一种健康可持续发展的海水养殖理念，多营养层次综合养殖模式的研究目前已经在世界多个国家（中国、加拿大、智利、南非、挪威、美国、新西兰、韩国等）广泛实践，并取得了诸多的积极成果。例如，IMTA 在加拿大的东、西海岸都有不同程度的发展。Chopin 等（2004）在大西洋东海岸的芬迪湾（Fundy Bay）开展的大西洋鲑（*Salmo salar*）、紫贻贝（*Mytilus edulis*）及海带（*Saccharina latissima*）、翅藻（*Alaria esculenta*）的综合养殖研究结果表明，同单养相比，综合养殖区的海带生长速率提高了 46%，贻贝提高了 50%。以色列、澳大利亚和南非等国在陆基集约化多营养层次综合养殖模式与技术方面的研发进展较快，并广泛应用于产业。例如，南非、澳大利亚的鲍陆基循环水养殖系统中，引入石莼吸收鲍养殖过程排泄的氨氮，降低养殖对环境的负面效应，同时石莼又可作为鲍的饵料，实现了养殖与环境的双赢。挪威、新西兰等国家也正在尝试构建适合自己国家的多营养层次综合养殖模式。其他国家如日本、智利、美国、法国、西班牙等也纷纷开展多营养层次综合养殖研究和试验，将贻贝、牡蛎或大型海藻作为生物过滤器与鱼类养殖进行系统集成等（张彩明和陈应华，2012）。

目前，中国对多营养层次综合养殖模式的研发处于国际领先地位，在贝-藻、鱼-贝-藻、鱼-贝-藻-参等多营养层次综合养殖模式与技术等方面取得了举世瞩目的成就和进展，例如开展了养殖容量和养殖结构优化方面的研究，查明了大型藻类、滤食性贝类和刺参在养殖生态系统中的生态作用，开展了养殖海域的生物修复技术研究，揭示了龙须菜、紫菜、江蓠等在鱼类和贝类养殖系统中的生物修复作用，为解决养殖污染、降低水体富营养化程度提供了良好示范和推动作用（张彩明等，2012）。中国的多营养层次综合养殖模式已渐成熟，并开始向养殖结构优化、整体效益评价等内涵和外延拓展。但现阶段，作为有益于养殖用海资源高效利用的先进技术，多营养层次的综合养殖模式与养殖用海管理的交叉研究仍然欠缺，该技术对养殖用海资源开发与管理实践的启示及相关应用亟待重视。

总体而言，虽然目前中国的多营养层次综合养殖模式在局部区域实现了一定程度的产业化，但基础研究的支撑力度仍待提升，系统内部的能流、物流过程尚不明晰，各养殖单元间互利作用机理缺乏深层次的理论阐释，在定量研究及整体设计等基础理论方面还需要更多、更深入的探讨（马雪健等，2016）。

第三节　技术和模式关键要素

一、网箱鱼类养殖

1. 海区的选择

选择可避免大风浪，常年风浪较小、不受台风或西北风正面袭击的海区。海底地势平缓，坡度小，底质为泥质或泥沙质。一般要求水深 10 米以上，最低潮位水深不小于 5 米，潮流畅通，流速在 1.5 米/秒以下，流向平稳。

2. 养殖方式及设施

采用网箱设施化养殖的方式，网箱以浮动网箱为主，主要构件由浮架、浮筒、网衣、挡流设施、沉子和固定装置等组成。

养殖布局：单个网箱的规格一般为（3～6）米×（3～6）米×（2.5～3）米，网箱的网衣为无结节网片。根据网箱规格和潮流、风浪的不同情况，每 100 个左右网箱连成一个网箱片，由多个网箱片形成网箱区，网箱区的养殖面积不能超过可养海区面积的 15％，网箱区外围设置挡流装置。各个网箱片间应保留 50 米以上的航道，各个网箱片间的最小距离为 10 米，网箱区之间应间隔 500 米以上，每个网箱区连续养殖 2 年应休养半年以上。

3. 适宜养殖种类

象山港海域适宜浅海养殖的鱼类品种主要有花鲈、大黄鱼、美国红鱼和黑鲷等。本模式以花鲈和大黄鱼为主要养殖对象。

4. 放苗

投放鱼苗选择在小潮期间，以低平潮时刻最佳，低温季节选择在晴好天气且无风的午后，高温季节选择在阴凉的早晚进行。全长 25 毫米的鱼苗放养密度在 1 500 尾/米³ 左右，随着鱼体的长大，逐渐降低

密度。

5. 日常管理

（1）饵料投喂　刚入网箱的鱼苗，可投喂适口的配合饲料、鱼贝肉糜、糠虾、冷冻桡足类等。养至 25 克以上后，投喂配合饲料。投饵采用少量多次、缓慢投喂的方法，刚入网箱时每天投喂 8～10 次，后逐渐减少至早晨和傍晚各 1 次，日投饵率 3%～6%，越冬期间每天投喂 1 次，阴雨天可隔天投喂 1 次，日投饵率小于 1%。

（2）清洗网箱　高温季节网目长 3 毫米的网箱隔 3～5 天，目长 4 毫米的网箱每隔 5～8 天，目长 5 毫米的网箱每隔 8～12 天，目长 10 毫米以上的网箱隔 15～30 天应换洗，同时对苗种进行筛选分箱和鱼体消毒。

（3）定时管理　每天定时观测水温、盐度、透明度与水流等理化因子，以及苗种集群、摄食、病害与死亡情况，发现问题及时采取措施并详细记录。

（4）病害防控　因养殖环境和鱼体健康度的差异，养殖鱼类容易发生病害，病害防控的用药应符合 NY 5071 的规定。

6. 捕捞

养殖鱼体达到商品规格后，可捕捞上市销售，捕捞前应按 NY 5071 规定的休药期，停止用药，起捕前停饵 1～2 天。

二、贝类养殖（牡蛎养殖）

1. 养殖海区及条件

象山港水深 5～10 米，水温年变化在 6～28℃，盐度 15～30，透明度年变化在 0.2～1.0 米，选择水域开阔、饵料丰富、潮流相对平缓、风浪较小的海区。

2. 养殖方式及设施

采用浮筏式养殖，筏架由浮绠、浮球、橛缆、木橛或水泥坨、浮球绑绳、吊绳和坠石等组成。

筏架根据养殖区流速大小设置，筏向与流向呈 45°～90°，每台筏架有效长度＜100 米，筏架间距＞12 米。筏架通过在海底打木橛来固定，打入海底 3～4 米的深度，在橛下端 1/2 处绑好橛缆，橛缆的长度一般是水深的 2 倍，在风浪、海流较大的海区为 2.5～3 倍，以筏架在高潮时也能保持较为松弛的状态为好。浮球间距1～1.5米。

3. 采苗

每年11—12月采用废旧轮胎作为附着基附苗。

4. 苗种暂养及筛选

养殖苗种一般要求每片贝壳的附苗量20颗以上，颜色以黑褐色为好。选择在风平浪静的筏架上暂养20～30天，下海时避开海区藤壶附着高峰期，当个体壳高达到1.0～1.5厘米时，可分苗或者用于养成，提出附苗量少的贝壳，每片间距15～20厘米，每串10～15片，吊于筏架上即可养成。翌年3月初进入海区养殖。

5. 日常管理

每隔3～5天到海区巡查，检查浮筏、浮子、吊绳等养殖设施，做好浮筏、缆绳的固定工作，随着生长及时增加浮力，防止因过于沉重而下沉。

6. 收获

苗种放养12～15个月，每年1—2月养殖的牡蛎陆续达到上市标准，根据生长情况和市场行情，可以分批分次收获。

三、大型藻类养殖

象山港海域适宜浅海养殖的藻类品种主要有海带、坛紫菜、龙须菜及浒苔等。以下重点介绍海带的养殖。

1. 养殖海区及条件

海带适温范围较广，一般在5～20℃，水温达到20℃以上时，海带停止生长，开始腐烂，所以每年秋末到翌年夏季养殖海带较为合适。海区水深5～10米，潮流通畅，流速0.17～0.7米/秒，底质以泥沙质最合适，透明度小于1米比较适宜。

2. 养殖方式及设施

采用浮筏式养殖，筏架由浮缏、橛缆、木橛、砣子、浮子、吊绳、苗绳等组成。

筏架统一规划，筏间距5～8米，每小区设筏20～40行，区间距30～50米，区与区之间呈"田"字形纵横排列。确定风浪和海流的危害程度，在象山港海域一般采取顺流设筏，确定浮筏方向和筏身长度后在筏身两端打木橛或者下砣子固定筏身。

3. 夹苗及养成方式

本海区养殖的海带苗种来源于育苗场，多采用暂养后的苗（海带长度10～20厘米）。一般选择在11月底至12月初开始夹苗，采用密夹的方法，单株每距4～5厘米夹苗1株。

目前普遍采用平养法，浮筏设置与海流平行，连接相邻两行浮筏之间的苗绳，使苗绳平挂于海水中，海带受光均匀，有利于海带的生长。

4. 日常管理

平养后每30天倒置一次，根据透明度的变化适时调整水层，调节方式为初挂水层80～120厘米，当水温上升至12℃以上时，适当提升水层至30～40厘米。

养成期间，注意病害的防控，海带养殖中常见的病害有绿烂病、白烂病、点状白烂病、卷曲病，根据不同的病害症状和病因，采取不同的防治方法。

5. 收割

在4月中下旬，当海区水温达到17℃以上，苗绳上部的海带鲜干比达到6.5：1即可收割，由于港区内海水较混浊，鲜干比（8～9）：1即可。收割方法采用解绳法，就是将筏架上的分散苗绳按顺序解下来。

第四节　典型案例

一、象山港鱼贝藻多营养层次综合养殖

根据内湾多营养层次综合养殖的理念和技术方案，项目选取浙江省北部典型的内湾象山港进行了综合示范。

1. 象山港概况

象山港位于121°25′E—122°03′E，29°24′N—29°48′N，东西纵深超过60千米，口门宽20余千米，港内宽3～8千米，港域总面积563.3千米^2，海域面积391.76千米^2，水深一般在10～15千米。象山港作为一个完整的自然地理单元，是海洋生态系统与陆地生态系统的有机结合体，据20世纪80年代资料记载，象山港区域内环境优美、资源丰富，集"港、渔、涂、岛、景"五大优势资源于一身，东海区许多重

要的渔业经济生物如鰕、蓝点马鲛、海鳗、三疣梭子蟹等均在象山港产卵、索饵，曾被誉为国家级"大鱼池"。

象山港海水网箱养殖可以追溯到 1986 年，当时在西沪港海区开展海水网箱养殖石斑鱼试验，初获成功后，象山港网箱养殖业得到快速发展，至 2009 年海水网箱养殖 7 万余只，产量超 1.2 万吨。为改善养殖水域环境，协调各海洋产业之间的关系，2010 年起政府引导渔民结合网箱改造削减网箱养殖数量；2012 年象山港浅海养殖面积24 205 亩、养殖产量达 39 934 吨，浅海养殖种类主要有海带、坛紫菜、牡蛎、花鲈、大黄鱼、美国红鱼和黑鲷等种类。

2. 多营养层次综合养殖模式

在浙江省象山港南沙岛海域建立了鱼贝藻综合养殖模式（图 4-1），根据海带和龙须菜在季节上的互补性，对南沙港网箱养鱼带来的富营养化采用海带和龙须菜筏式轮养的分季节生态调控养殖模式（12月至翌年 5 月栽培海带，5—12 月栽培龙须菜），藻类可以吸收和转化鱼和贝排泄的无机营养盐，并为鱼、贝提供溶解氧。牡蛎可滤食鱼类粪便、残饵及浮游植物形成的悬浮颗粒有机物。

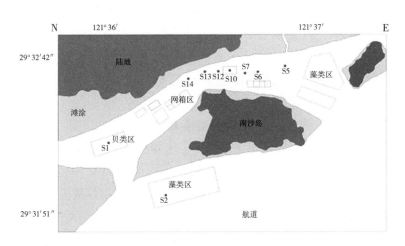

图 4-1　象山港南沙岛鱼贝藻综合养殖模式平面布局图

示范区的布局为网箱养殖数量 4 000 个（彩图 6），规格为 3 米×3 米×3 米，主要养殖花鲈，有少量的大黄鱼和黑鲷；贝类养殖区主要养殖葡萄牙牡蛎，养殖面积约 150 亩；藻类主要养殖海带、龙须菜（彩图7、彩图 8），养殖面积约 800 亩（其中海带面积 600 亩，龙须菜面积

200 亩)。

二、深澳湾鱼贝藻多营养层次综合养殖

1. 深澳湾地理位置和养殖概况

深澳湾（23°27′N—23°29′N，117°04′E—117°07′E）位于广东省汕头市南澳县北侧，属南海海域。东、南、西三面被陆地包围，呈 V 形，湾口朝北，与饶平县的柘林湾相对。水域面积约为 13.3 千米^2，近岸区域水深 3～4 米，湾口水深在 10～12 米，平均水深约 4.5 米，属于典型的亚热带养殖海湾，受到粤东上升流的影响；潮汐类型为不规则半日潮，平均潮差为 1.68 米。湾内有两座岛屿，分别是猎屿和虎屿，横亘于该湾的出口处，无大的河流注入。底质多为泥质。

深澳湾自 20 世纪 90 年代起开始近岸海水养殖（彩图 9），是我国南方最大的贝类和大型藻类殖基地之一，养殖面积约 1 000 公顷，主要养殖模式包括鱼类网箱养殖，以及贝类和大型藻类的筏式养殖。网箱养殖的主要品种包括鲈、石斑鱼和黑鲷等种类；筏式养殖的贝类品种主要是长牡蛎以及少量的鲍；筏式养殖大型藻类的品种主要是龙须菜、脆江蓠和紫菜。鱼类主要在近岸区域猎屿与吴平寨之间的水域养殖，贝类和藻类筏式在猎屿的西北面向湾口区域延伸。牡蛎和龙须菜在相同的筏架上养殖，牡蛎采取吊养方式养殖，龙须菜采用平养方式养殖。紫菜采取插桩养殖方式。

2. 深澳湾多营养层次综合养殖模式

深澳湾鱼类网箱养殖区和贝藻筏式养殖区相互毗邻（图 4-2），在鱼排之间的空隙水域上也有吊养牡蛎、平养龙须菜和脆江蓠，因此不仅在海湾尺度上形成"鱼-贝-藻"多营养层次综合养殖模式（彩图 10），也在局部水域形成多营养层次综合养殖。

除了空间上的互补外，时间上也有一定的互补，即鱼类和牡蛎常年都有养殖，龙须菜在 11 月至翌年 5 月养殖，紫菜在 9—11 月养殖，除了夏季高温的 6—8 月外，其余季节都有大型藻类养殖。

这种养殖模式有利于保持深澳湾的环境质量和生态系统健康，鱼类和牡蛎所排泄的 NH_4^+ 等溶解态氮磷废物可以被龙须菜等藻类所吸收利用，而鱼类的残饵和粪便、藻类的碎屑等颗粒有机物又可以被牡蛎

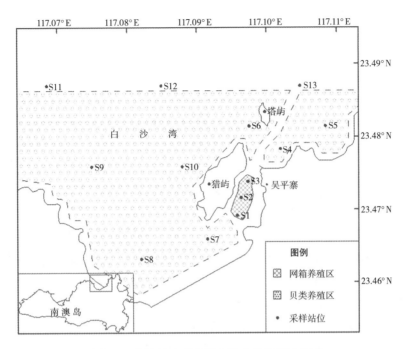

图 4-2 深澳湾多营养层次综合养殖区示意图

滤食。藻类的光合作用还可以为鱼类和贝类提供溶解氧。在这种养殖模式下，外界输入物质的唯一途径是鱼类的投饵，经由饵料输入的物质在养殖模式内部各组分之间迁移和循环，最大限度地减少了向环境中的输入，从而形成环境友好、绿色健康的养殖模式。

3. 不同品种的养殖模式与技术

（1）鱼类网箱养殖 深澳湾内鱼类浮式网箱主要分布在风浪较小的近岸浅水区域，网箱养殖区水深为 4~5 米。网箱为 3 米×3 米×3 米的木质小型网箱，养殖品种包括真鲷和美国红鱼等多个品种，一般春季放苗，平均养殖周期约为 1 年。网箱投喂鲜杂鱼饵料和人工配合饲料。养殖过程中分苗几次，养成时每网箱产量约 300 千克。

（2）牡蛎筏式养殖 深澳湾牡蛎养殖品种为太平洋牡蛎（*Crassostrea gigas*），采用筏式吊养（彩图 11）。养殖筏架长约 200米，一般分成 4 段，即 50 米一段。筏架间距 3 米。浮筏上牡蛎每隔 25 厘米吊养一串，200 米长的筏架可以养殖 800 串，牡蛎苗绳长约 2米，每隔 10 厘米有一个附着基（牡蛎壳），每壳上约附着 20 个牡蛎

苗。每串养成可达 10 千克/串，200 米筏架养殖的牡蛎长成后重约 8 000 千克。

牡蛎苗主要从福建购买，本地也尝试育苗，但是效果不好，可能与亲贝质量、水质、育苗技术等有关。苗种的附着基是牡蛎壳，买苗时是买牡蛎壳，再自己串起来吊养。牡蛎养殖周期要 8～10 个月。一般 11 月下苗，养殖到翌年 10 月初，会经历 6—9 月的台风季节；靠近湾外面的牡蛎肥满度高些，但是受台风海浪的影响也大些。

（3）藻类筏式养殖　龙须菜与牡蛎使用同样的筏架养殖，与牡蛎苗绳吊养不同，龙须菜采用平养的方式（彩图 12），即苗绳相对水平地系在筏架上，养殖水深约 0.5 米。苗绳在筏架上间距约为 20 厘米。龙须菜在苗绳上每隔 20 厘米夹苗一簇，长 1 000 米的苗绳计为"1 养殖亩"，夹满需要苗种 100 千克左右。每亩可以收获1～3 吨。南澳年产量约为 2 万吨。龙须菜养殖周期为 11 月至翌年 5 月，11 月中上旬夹苗，12 月左右收获第一茬，收获后在空出的筏架上继续养殖第二、三茬。龙须菜在水温 22℃ 左右时生长最快，20℃ 以下时生长缓慢，26℃ 以上时开始腐烂。如果冬季有寒流，水温降至 20℃ 以下时生长缓慢，而在水温适宜时，生长速度很快。

龙须菜和脆江篱在 6 月必须收获，除了水温升高外，另一重要原因是敌害生物——篮子鱼的啃食。篮子鱼从外海迁移洄游到深澳湾，啃食龙须菜导致藻体断裂下沉，造成严重损失。靠近湾口的地方最先受到篮子鱼的影响，然后逐步扩展至湾内。

龙须菜苗主要从山东购买，价格很高，大约每千克 20 元。买来先在筏架上暂养一段时间，约 20 天，然后分苗、夹苗形成更多养殖苗绳。龙须菜主要用于提炼藻胶。

（4）紫菜养殖　深澳湾紫菜养殖适宜在有淡水输入、盐度较低的海域，远离岸边的区域盐度不适合，但太靠近岸区域由于风浪较小，紫菜藻体表面附着的浮泥不能被海浪冲走又会降低光合作用也会影响生长。南澳紫菜养殖周期为 9～11 个月（彩图 13），养殖期间可收获 3 次，养殖过程中需要进行多次晾晒和再浸没，收获基本靠手工采摘，收获后的紫菜首先用淡水进行清洗，然后加工切碎制成圆饼状，最后再进行晾晒干燥，均是手工操作，机械化程度很低，因此养殖过程需

58

耗费大量工时。但南澳海域养殖的紫菜品质较高，价格可以高达 360
元/千克。

第五节　经济、生态及社会效益分析

一、象山港鱼贝藻多营养层次综合养殖

1. 经济效益

象山港南沙岛多营养层次综合养殖示范区的经济效益主要体现在
网箱鱼类、牡蛎和海带等种类的收益上。网箱养殖数量为 4 000 个，
每箱养殖鲈数量约 400 尾，成鱼重量约 1.25 千克/尾，示范区内网箱
养殖产量 200 吨，产值 2 500 万元。示范区内养殖牡蛎面积约 150 亩
（亩产 3 500 千克），总产量约 52.5 万吨，产值 210 万元。示范区内
养殖海带面积 800 亩，亩产湿重 10 000 千克；养殖龙须菜面积为 200
亩，亩产湿重 1 000 千克；藻类总产量 8 200 吨，产值约 400 万元。
总体来看，南沙岛多营养层次综合养殖示范区的年收入可达 3 110
万元。

2. 生态效益

网箱鱼类养殖是以饵料投放为主的养殖方式。由于近年来网箱养
殖投喂的饵料是以冰鲜杂鱼为主，大量未被摄食的饵料进入水体，造
成水体环境污染。此外，养殖鱼类自身代谢也产生大量的粪便等污染
物，加剧了水体富营养化程度。笔者构建的鱼贝藻多营养层次养殖模
式，可以充分利用贝类自身的固碳作用，吸收水体中的二氧化碳，还
可以利用藻类吸收氮、磷等营养元素的特性，降低水体中的富营养化
水平，能充分发挥绿色、低碳的作用。实验表明，在控制养殖容量的
条件下，在南沙岛示范区每个箱体中培养 2～3 千克龙须菜，可提高养
殖产量 10%～15%。

3. 社会效益

象山港内的养殖历史悠久，在港区内的水产养殖业经历了几个发
展浪潮。自 21 世纪以来，象山港内的网箱养殖业规模不断扩大，到
盛期的 2009 年前后，港区内网箱养殖规模近 7 万只，养殖产量超 1.2
万吨。但大规模的养殖给象山港的生态环境造成了极为不利的影响，
主要表现在养殖水域的富营养化程度不断加剧，养殖鱼类自身的病害

频发、死亡率不断上升，造成整个网箱养殖效益的显著降低。因此，改变传统养殖模式成为网箱养殖健康发展的迫切需求。笔者构建的多营养层次综合养殖正是契合了绿色、健康发展的理念，在港区其他海域的渔民也开始探索适合他们养殖海域的鱼藻、鱼贝藻等不同品种的综合养殖模式，由此可见此模式的社会示范作用较大。

二、深澳湾鱼贝藻多营养层次综合养殖

深澳湾鱼类网箱养殖都集中在猎屿与吴平寨之间的近岸水域，养殖密度很高，加之水深较浅，水动力和水交换较弱，水质较差，随着养殖时间的延长，养殖区底部沉积物有机质含量增加，底层水体厌氧情况严重。这些因素导致鱼类病害频发，常出现较高的死亡率，大大降低了养殖经济效益。由于养殖品种多，而鱼苗、饲料和养殖产品的价格存在很大的市场波动，很难精确估算养殖的经济效益。深澳湾 3 米×3 米×3 米的网箱产量约为 300 千克，按照 20 元/千克的价格计算，每网箱的产值约为 6 000 元，其中苗种、饲料、人工、设施等成本约占 60%，每只网箱的收益为 2 000~3 000 元。

1. 牡蛎经济效益

南澳牡蛎苗价格上涨，从先前的 800 串 360 元，升高到近年来的 400 串 360 元，相当于每串 0.9 元。牡蛎苗是附着在牡蛎壳上的，需要人工串起来，加上人工费大约每串 1.5 元。牡蛎的价格要看牡蛎的肥瘦、空壳（死亡的）数量的多少、附着生物的多少等，价格波动很大，好的时候可达 0.8 元/千克，差的时候销售都是问题；养殖的牡蛎主要销往福建，加工成牡蛎肉干，再出口到日本等地。

现在苗种不断涨价，以前可以串 800 串的壳（算"1 亩"），现在只能串够 500 串。合计苗种、人工、浮球费用，1 亩要 800~900 元的成本。价格好的时候，每亩利润约 2 000 元。

深澳湾养殖均为个体业主，对养殖区域和养殖密度都缺乏统一规划和协调，牡蛎养殖面积不断扩大，吊养密度很高，超出养殖容量，进而出现死亡率高、生长慢、肥满度低等现象，加上附着生物多等因素，收购商压低价格甚至不愿收购，致使经济效益明显下降。

2. 龙须菜经济效益

南澳岛龙须菜年产量约为 2 万吨，从 11 月至翌年 5 月的养殖过

程中，可以收获三茬，主要用于提炼藻胶，价格与藻类品质和市场需求关联，每批产品的价格常存在较大的波动。第一茬的价格最高，可达 3 元/千克，因为此时的价格好，养殖户一般会缩短养殖时间尽快出售。第二、三茬价格降低，会适当延长养殖时间以获得更大的产量。

苗种费是龙须菜养殖的主要成本之一，苗种主要从山东购买，价格可高达 20 元/千克。买来先在筏架上暂养一段时间（约 20 天），然后分苗、夹苗形成更多养殖苗绳。

3. 生态效益

多营养层次综合养殖是绿色、高效、健康和可持续的养殖模式，养殖生物之间具有互惠作用。养殖过程中鱼类饲料是养殖系统的物质和能量输入源，其中部分物质被鱼体吸收同化，其余以各种形态进入海洋环境，鱼类和贝类排泄的氮磷以及饲料溶解释放的氮磷可以被龙须菜和紫菜等藻类吸收利用，而鱼类的粪便和残饵、藻类碎屑等有机颗粒物可以被牡蛎等贝类滤食。藻类吸收鱼类和贝类呼吸释放的二氧化碳，同时释放鱼类和贝类所需的溶解氧。如此，实现了物质在养殖系统内部各营养层级生物之间的迁移、循环、转化和吸收，最大限度地减少了饲料输入的能量和物质向环境中的散失，减少了对海域环境的影响，从而产生更高的生态效益。

对深澳湾的研究显示，2011 年深澳湾养殖生态系统服务功能主要分为食品供给、原材料供给、氧气产生、气候调节、废弃物处理和科研服务。2011 年深澳湾浅海养殖生态系统服务价值为 7 959 万元，平均单位海域面积的服务价值为 598 万元/千米²。在评估的 6 项服务中，食品供给 4 976 万元，占总服务价值的 62.52%，突显了食品供给为养殖型海湾的主要服务功能。其次为原材料供给（1 933 万元）、氧气产生（484 万元）、气候调节（249 万元）和科研服务（214 万元），废弃物处理最低，为 103 万元。牡蛎和龙须菜所提供的服务价值占总服务价值的 79%，表明龙须菜和牡蛎养殖在深澳湾浅海养殖生态系统服务中具有决定性作用，特别是龙须菜养殖对于维持和提升养殖生态系统的服务功能有重要意义。

4. 社会效益

深澳湾养殖历史悠久，养殖是当地渔民的主要收入来源，养殖业

的可持续发展对稳定生活和社会秩序具有重要作用。多营养层次综合养殖正是契合了绿色发展的理念，在港区的其他海域的渔民也开始探索适合他们养殖海域的鱼藻、鱼贝藻等不同品种的养殖模式，由此可见此模式的社会示范作用较大，取得了较好的社会效益。

第五章

"菌藻活水"对虾池塘集约化养殖模式

第一节　模式介绍

"对虾集约化养殖",俗称"对虾精养",是一种单位水体苗种密度高、物质和能量投入多、管理精细的对虾养殖模式。具体而言,即充分利用我国热带、亚热带水域的自然资源,依托一定的养殖工程和水处理设施,在生产中运用物理、化学、生物等现代化措施,对水质、饲料等各方面实行半人工或全人工控制,为养殖生物提供适宜健康生长的环境条件,在有限的水体中实现对虾高产的环境友好型养殖模式。

目前用于集约化养殖的对虾品种主要为凡纳滨对虾。与其他对虾品种相比,它环境适应能力强,具备广盐、广温和耐低氧的特性,且群体性较好,喜游动,个体间的领地意识不强,活虾间相互捕食的现象相对较少,适宜集约化高密度养殖。一般在土池精养示范中,虾苗放养密度 4 万～6 万尾/亩,在硬件设施完备的高位池,放养密度 10 万～20 万尾/亩。经过 70～120 天的养殖,成活率一般为 60% 以上,土池精养单产 300～500 千克/亩,高位池单产为 1 000～3 000 千克/亩。

以养殖池系统特征区分,目前我国常见的对虾集约化养殖模式主要包括提水式土池集约化养殖、高位池集约化养殖和工厂化养殖等;以水质条件则可分为海水养殖、河口低盐度淡化养殖、盐碱水养殖及淡水养殖;以人工气候调控水平可划分为露天养殖和温棚养殖。除全封闭循环水工厂化养殖模式以外的各种集约化养殖模式,在我国各地对虾养殖生产中均有普遍分布。须根据不同地区的自然条件、技术水

平和成本投入等具体情况，因地制宜地选用适合当地生产实际的养殖模式。然而，无论采用何种方式，都需要科学运用水体环境微生物和浮游微藻的"菌-藻"生态干预措施，对养殖水质进行有效的调控，以满足养殖对虾的健康生长需求。

第二节 技术和模式发展现状

一、土池集约化养殖模式

1. 海水土池集约化养殖类型

池塘多建于海平面的高潮线之上或潮间带区域，一般会借助机械提水。虾池面积一般为 5～10 亩，水深 1.5～2.0 米，配有独立的进、排水系统和一定数量的机械增氧设备，一般增氧机功率为 0.4～1.8 千瓦/亩，多为水车式与叶轮式增氧机配合使用，以提高增氧效率。放养虾苗密度为 4 万～8 万尾/亩，可根据增氧条件及排污状况适当增减。整个养殖过程的管理较为精细，投喂优质人工配合饲料，实施半封闭式的管理模式，养殖前期添水，养殖中后期少量换水。每 10～15 天定期施用芽孢杆菌、光合细菌、EM 复合菌等微生物制剂调控池塘中的菌藻环境，不定期使用底质改良剂，通过优化养殖水体环境，达到减少用药，提高对虾成活率和养殖收益的目的。南方地区采用精养土池的对虾年产量一般为 500～100 千克/亩。

2. 河口区淡化（淡水）养殖类型

多见于珠江三角洲和长江三角洲等河口和淡水资源丰富的地区。其池塘设施结构与海水精养土池类似，只是在水体盐度调节上存在一些差别。通常放苗前会对池塘一次性纳入 70%～90% 容积的水体，并将水体盐度调节至 3～8 的较低水平，根据池塘水体初始盐度，要求虾苗场进行虾苗淡化，直至其适应盐度与池塘水体盐度相同或接近时再放养。养殖过程中逐渐添加淡水，实施有限量水交换的半封闭管理。其他的水质、底质管理措施则与海水对虾精养土池类似。在部分海淡水资源使用便捷的地区，养殖者在收获前两三周会适当升高池塘水体盐度，使养成的商品对虾提质增鲜，以便提高销售价格，增加经济效益。

3. 温棚养殖类型

在秋冬季至翌年早春期间,从广东到江苏以南的对虾养殖主产区,一般会在虾池上搭建温棚以保持池塘水温,保证养殖生产顺利开展。温棚搭建时间一般需根据各地的气候特点,在冷空气到来前搭建完毕,广东地区通常在11月上旬左右完成搭棚,拆除时间则多为翌年气温稳定升高至23℃以上时。搭建温棚的材料主要有支架、钢丝、塑料薄膜等。温棚的塑料薄膜将池塘环境与外界自然环境隔离,形成了一个相对封闭和稳定的养殖空间,因此,与露天池塘养殖相比,它在养殖管理上也存在一定的差别。生产实践表明,采用该模式进行对虾养殖有利于延长养殖时间,在低温季节对虾的销售价格可提高50%~200%,经济效益极为明显。以往该模式常见于广东、福建等传统养殖主产区,近年来在江苏如东地区也得到了显著发展。

二、高位池提水式集约化养殖模式

该模式是近些年在我国应用最广的集约化高效养殖模式之一,常见于广东、福建、海南、浙江等对虾养殖主产区。根据其池塘底质环境特点,高位池可分为地膜式高位池、水泥护坡的沙底高位池、全水泥混凝土浇筑的高位池等三种类型。

该模式的养殖池面积相对较小,一般为2~10亩,水深为1.5~2.5米,配有沙滤池、蓄水消毒池、标粗池、独立进排水系统、中央排污系统等。其增氧机装配密度较高,一般增氧机功率为1~2千瓦/亩,并配有备用发电机系统,以确保养殖工程的不间断增氧。在高位池放养的对虾密度为10万~30万尾/亩,但在实际生产过程中可根据设施配置条件、管理水平等因素适当增减。其集约化程度高、易于排污、便于管理,整个养殖过程的水质环境主要依靠人工调控,不像土池可由底质土壤释放营养元素促进水体中菌藻生物的生长。所以,养殖过程中应阶段性地人工调节水体营养水平,为池塘水体中的浮游微藻提供充足稳定的营养供给,以形成优良稳定的"水色"。其次,还应定期施用芽孢杆菌、光合细菌、乳酸菌、EM复合菌等微生物制剂,高效降解养殖代谢产物,通过人为调控池塘菌相和藻相环境,抑制病原微生物的滋长,提高养殖对虾的抗病机能,促进其健康生长。通常在高位池对虾养殖生产中采用良好操作规范,实施科学的生产管理,其一茬的

单产可达 1 000～3 000 千克/亩，经济效益显著。

以典型的地膜高位池为例。其最大特点是在池体四周和池底以土工膜进行覆盖，池体形状多设计为圆形或圆角方形，池底设中央排水口，养殖过程中配以高强度的水车式、射流式增氧机，有的还强化配设罗茨鼓风机进行池底充气增氧。优点在于易于池塘清理，实施有效的养殖底质和水质环境的管控，还可提升池塘的使用效率。一般土壤底质的池塘经过多年养殖后，池底会沉积不同程度的淤泥，处理不当则极易导致虾池老化，养殖病害频发，难以持续健康高效养殖。即造成了所谓的"连养障碍"，故而业内也多认为"新池易养赚两年，老池难养亏多年"。在养殖池底铺设地膜，加之配套中央排污系统，既有利于养殖过程中及时排出沉降于池底的污物，还便于养殖收成后对池塘进行彻底的清洗、消毒。这对延长对虾养殖池塘的使用寿命，实施有效的对虾养殖的底质、水质管理具有良好的促进作用。目前常见的地膜价格在 3～20 元/米^2，使用寿命从几年到十几年不等。在选择地膜时除关注价格成本外，还应关注地膜的质量，以避免因质量问题造成地膜破裂导致池塘渗漏，或因地膜使用寿命短，造成二次投资。

通过对不同底质高位池养殖对虾的生长特征进行跟踪，分析发现当养殖天数大于 90 天时，生长于地膜养殖池中的对虾的平均体长、平均体重、平均肥满度等生长性能参数均显著优于沙底池养殖的对虾（$P<0.05$）（表 5-1）。但在养殖天数小于 60 天时，不同底质环境池塘养殖的凡纳滨对虾的体长、体重等参数，均没有明显的差别（$P>0.05$）。这主要是由于在对虾集约化养殖生产过程中，养殖密度越高，到了中后期随着饲料投喂量的大幅增加，池塘环境中的养殖代谢产物、残饵和浮游生物残体等会淤积于池底，使得对虾的底栖环境不断恶化，如果对水体环境管控不当还会导致池塘中的病原微生物大量增殖，造成养殖对虾的病害暴发乃至大规模死亡。近年来行业内常说的对虾"偷死"症，也多由该原因所致。

表 5-1　不同养殖池对虾的体长、体重对比

养殖天数（天）	沙底养殖池			地膜养殖池		
	平均体长（厘米）	平均体重（克）	平均肥满度（克/厘米）	平均体长（厘米）	平均体重（克）	平均肥满度（克/厘米）
30	4.1	1.05	0.255	4.3	1.23	0.287

(续)

养殖天数（天）	沙底养殖池			地膜养殖池		
	平均体长（厘米）	平均体重（克）	平均肥满度（克/厘米）	平均体长（厘米）	平均体重（克）	平均肥满度（克/厘米）
60	5.9	2.67	0.448	6.5	3.57	0.543
90	8.2	7.61	0.923	9.3	10.63	1.143
100	9.5	11.33	1.192	9.9	12.63	1.277

三、封闭式集约化生态养殖

随着养殖尾水排放问题日益受到关注，以对虾集约化养殖池为基础主体而构建的封闭式集约化生态养殖池系统的模式也日渐得到发展。其核心在于对整个养殖场空间内进行功能区划，形成以对虾集约化养殖区为主，根据尾水排放量和循环用水量的实际需求，辅以一定面积的藻类培育区、贝类或杂食性鱼类养殖区，整个生产过程中实施养殖水体的系统内封闭式循环，使得投入到养殖系统中的物质和能量得以高效利用，既有利于养殖水质的生态净化，提高水资源利用效率，还可大大减少或杜绝养殖过程中与外界水源环境的水体交换，从而有效切断系统外病源因子对养殖对虾的侵染途径，达到病害防控的良好效果。

第三节 技术和模式关键要素

一、对虾养殖池塘中需关注的主要环境因子

业内常说"养虾重在养水"，即在对虾养殖过程中科学调控和维持稳定的良好水质环境。养殖者多把池塘"微生物"和"微藻"群落环境称之为"菌相"和"藻相"，并认为"养水"的关键在于维持良好的菌相和藻相，这是关系到养殖成功率、对虾产量和综合效益的重要因素之一。一般应重点关注的水环境因子包括微生物和微藻优势种群状况，以及水色、溶解氧、氨氮、亚硝酸盐氮、pH 等。

在对虾养殖池塘中的浮游生物、微生物、颗粒有机物、饲料、水体营养盐等均是池塘生态系统中影响物质循环的重要因子。它们彼此之间相互依存、相互转化，处于持续的动态平衡状态。养殖过程中对

虾主要以饲料为食，还摄食环境中由微生物、微藻、有机碎屑等组成的生物团粒，在幼虾阶段也摄食一定的浮游微藻和浮游动物。如图 5-1 所示，养殖代谢产物的循环转化效率是虾池生态系统优化调控的关键，池塘环境中的微生物和微藻起着类似"生物泵"的推动作用。代谢产物、残余饲料和浮游生物残体通过微生物的降解，转化成为营养元素，被微藻所利用；同时，微生物在降解过程中不断增殖，并与其他微小生物和有机碎屑一起形成活性生物团粒。可见，对虾养殖生态系统是一个复杂的生态网，通过科学的调控措施提高其物质循环效率，不仅能减轻养殖池塘的环境负荷、清洁水质和底质，还能节约饲料投入、降低成本，取得良好的经济效益和生态效益。

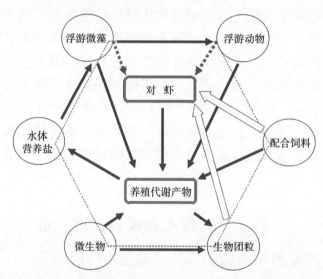

图 5-1 池中对虾、微生物、浮游生物及主要非生物因子的物质循环示意图

1. 浮游微藻

虾池常见的微藻主要有绿藻、硅藻、隐藻、金藻、蓝藻、甲藻等几大类。养殖过程中微藻藻相环境的主要特征有如下几点：①池塘水体环境中的微藻种类数量少于海区水域；②藻相中优势种单一，优势度高，耐污性种类较多，有些为有毒、有害的种类；③随着养殖时间的延长池塘内的微藻细胞数量不断升高，到养殖中后期时池中的微藻数量远高于所引入水源中的微藻数量；④养殖后期耐污种类和赤潮种类增多，群落演替具有突发性、时间短、速度快、群落结构不稳定的

特点；⑤多样性指数基本可代表其水质情况，即水体富营养化程度。

不同养殖模式的虾池在不同的养殖时间，水体微藻藻相的多样性存在差别。在凡纳滨对虾集约化养殖池中一般有2～3个强优势种，环境中的优势种越少其优势度越高。就生产性能而言，通常以绿藻为优势种的池塘最好，其水质稳定，病害少，对虾生长也较好；以硅藻为优势种的池塘，对虾生长速度快，病害少；以蓝藻、甲藻为优势种的池塘，对虾生长缓慢而且容易发生病害。因此，在养殖过程中以培养绿藻为主的绿色水系较好，一般在绿色水系中微藻的优势种群相对较多，水体生态系统相对稳定，容易保持水体的"活、爽"。而以硅藻为主的褐色水系中，微藻种类相对较为单一，不及绿色水系稳定，更重要的是它容易因气候变化而变动，引起对虾产生应激反应，养殖生产中一般硅藻占优势的"褐色水系"发生"倒藻"的状况更为常见。总体而言，养殖初期池塘的微藻种群多以绿藻、硅藻为主，随着养殖时间延长水体逐渐出现富营养化，微藻的种类和生物量也随之升高，到养殖后期水体富营养化较高时，优势种多更替为蓝藻等耐污性强的种类。

虾池微藻的多样性不但反映池塘水质的优劣，还与对虾发病程度呈负相关，微藻藻相的多样性指数过低容易导致水环境突变，养殖对虾也随之出现不同程度的应激反应，甚至发生病害和大量死亡。所以，对虾养殖过程一方面应该构建和养护以绿藻和硅藻为优势种的微藻藻相；另一方面还应提高和维持微藻优势种群的多样性水平，避免形成以蓝藻、甲藻等有害微藻占绝对优势的藻相结构。同时，还须尽量保持环境的相对稳定，避免采用容易引起环境突发性变化的调控措施，导致水中微藻大量死亡，出现"倒藻"，或诱发形成以有害微藻为优势种的藻相。

2. 微生物

微生物在对虾池塘生态系统中扮演分解者的角色，它能够降解养殖代谢产物，有效地促进环境中的物质循环。按代谢机制可分为异养菌、自养菌，或好气菌、厌气菌、兼性厌气菌等；按对养殖的贡献可分为有益菌、有害菌等。在不同的养殖模式、养殖时期、天气条件下，水环境中的菌相结构多存在差异，优势菌株可能会随着养殖的进行发生演替。韩宁等（2012）认为芽孢杆菌属（*Bacillus*）、嗜冷杆菌属

（*Psychrobacter*）、变形杆菌属（*Proteobacterium*）等作为优势菌一直存在于养殖周期中；在台风暴雨季节容易形成以生丝微菌属（*Hyphomicrobium*）、亚硫酸盐杆菌属（*Sulfitobacter*）为优势菌的菌相结构；搭建越冬温棚时虾池的菌相结构也会随之变化，搭棚前异养菌数量少，形成以变形杆菌属、亚硫酸盐杆菌属为优势菌的菌相结构，搭棚后异养菌数量增多，形成以嗜冷杆菌属、根瘤菌属（*Rhizobiales*）等为优势菌的菌相。还有研究发现，在整个养殖季中，海水高位池中的异养菌数量为（1.4×10^{4}）～（1.4×10^{6}）个/毫升，弧菌为（1.1×10^{3}）～（5.2×10^{4}）个/毫升，芽孢杆菌为（1.1×10^{2}）～（4.3×10^{3}）个/毫升。其中，异养菌数量与水体溶解氧间存在显著负相关关系；弧菌数量与 pH 存在负相关关系，与 COD 和水体总磷存在显著正相关关系。在河口区对虾淡化养殖土池环境中，水体的细菌数量在养殖前期波动剧烈，到中后期趋于稳定，其中异养菌数量范围为（1.8×10^{3}）～（1.2×10^{5}）个/毫升，弧菌为（1.4×10^{2}）～（4.0×10^{3}）个/毫升，芽孢杆菌为（1.6×10^{2}）～（1.6×10^{3}）个/毫升；而池塘底泥中的异养菌数量相对较为稳定，为（1.0×10^{6}）～（2.2×10^{7}）个/克，弧菌数量在养殖前期有所升高，到中后期不断降低至（7.0×10^{3}）～（4.7×10^{5}）个/克，芽孢杆菌数量随养殖时间延长而升高至（4.7×10^{4}）～（2.4×10^{6}）个/克。

所以，在对虾养殖过程中应该根据不同的水体环境特点、菌相结构特征、天气变化等具体情况，科学使用有益菌制剂，既起到分解环境有机物，净化水质的功效，又可对水中菌相结构进行调节，避免形成以致病弧菌为优势菌的不良菌相，危害对虾的健康生长。

3. 水色

顾名思义，水色指的是肉眼观察池塘水体的颜色情况，它反映的是水中浮游微藻数量的表观状况，往往也是养殖生产中判断水质优劣的直观指标。一般对虾养殖池塘的常见水色包括豆绿色、黄绿色、浅褐色、茶褐色、棕红色、蓝绿色、棕褐色、白浊色、黄浊色、透明色（清澈见底）等。其中，水色呈豆绿色、黄绿色、浅褐色、茶褐色的为优良水色，水中浮游微藻藻相以绿藻、硅藻为优势种群，适宜对虾健康生长；水色呈棕红色、蓝绿色、棕褐色的为不良水色，浮游微藻藻相以蓝藻、甲藻等有害藻类为优势种群，不利于对虾的健康生长，容易诱发病害的发生；水体呈白浊色表明水体中存在大量的原生动物、浮游动物，因其摄食微藻，导致水中微藻密度较低，白浊色的水体溶解氧含量相对较低，长时间的白浊水色不利于对虾的健康生长；黄浊色表明水体泥沙质较多，多出现在土池养殖水体中，由下雨或底泥受机械搅动所导致；清澈见底表明调控措施不当或水质出现异常情况，严重影响微藻的正常生长。总体而言，对虾池塘的水色应以"肥、活、嫩、爽"为好，稳定维护以绿藻、硅藻等为优势种的微藻藻相，并使微藻密度维持在合适的数量水平，为对虾提供优良的生长环境，这是保证对虾高效养殖的重要条件之一。

4. 溶解氧

水体溶解氧是决定对虾养殖成败的关键因子之一，对虾养殖水体的溶解氧应该保持在3毫克/升以上，最好能达到5毫克/升以上。溶解氧影响着池塘中对虾、水生动植物及绝大部分微生物的生命活动，同时对水环境中有机物的降解转化也具有重要作用。水中溶解氧的来源主要有两个途径，一是微藻的光合作用产氧，二是空气中的氧气溶入水体，其中以微藻光合作用产氧对水中溶解氧的贡献较大，李卓佳等（2012）认为其贡献率可达到60%以上。在养殖池塘微藻藻相优良的情况下，微藻在晴好天气的光合作用产氧效率较高，可使水体溶解氧达到10毫克/升以上，甚至处于过饱和状态。而在夜间微藻光合作用停止时，池塘中所有生物均进行呼吸作用，水中的溶解氧随之大幅降低，养殖中后期深夜至凌晨期间的水体溶解氧可降至1毫克/升，甚至更低的水平。对此，需做好以下几项工作。一是培养和维持水中优良的微藻藻相，强化其光合作用产氧的生态功能。二是在养殖过程中及时降解转化养殖代谢产物，减少池塘中的有机物含量，降低因有机物氧化分解而引起的溶解氧消耗。三是科学使用增氧机，提高水体中氧气的溶解效率和扩散程度。四是监测夜间养殖水体的溶解氧水平，在溶解氧不足时可合理使用增氧剂，通过化学增氧应急性提高水体溶解氧。

5. 氨氮与亚硝酸盐氮

氨氮与亚硝酸盐氮对于养殖对虾而言是有毒有害的物质。水体氨氮浓度过高会损害对虾的肝胰腺等组织器官，降低细胞的携氧机能或引起对虾应激反应。水体pH较高时氨氮的毒害作用更为严重，养殖中建议将氨氮浓度控制在0.5毫克/升以下。亚硝酸盐氮可经对虾鳃丝进

入血液，对机体组织造成损伤或引起缺氧甚至死亡。相比较而言，亚硝酸盐氮对虾体的毒害作用比氨氮更大，但在不同的水质条件下对虾对亚硝酸盐氮的耐受能力有所区别，在海水养殖条件下亚硝酸盐氮浓度为2毫克/升时对虾仍可正常生长，而在淡化养殖下亚硝酸盐氮浓度高于0.5毫克/升时可能引起对虾发生应激反应或死亡，出现生产中俗称的"偷死"现象。

养殖水环境中常见的无机氮存在形式主要包括氨氮、亚硝酸盐氮、硝酸盐氮，它们在不同的条件下通过氧化还原反应相互转化。虾池中的氨氮和亚硝酸盐氮主要来源于池塘中各种有机物的降解，在其发生硝化反应不完全的情况下就会引起水中氨氮、亚硝酸盐氮浓度升高。为防止水中氨氮和亚硝酸盐氮过高而毒害养殖对虾，首先应科学使用微生物，及时降解转化养殖代谢产物，减少池中的有机物含量，防止在环境中积累过多的硝化反应不完全的产物，降低水中氨氮和亚硝酸盐氮的含量。其次是保证水体溶解氧供给，使水中的氮化合物得以进行充分的氧化，还可促进微生物的硝化反应，使之形成对养殖对虾无害的硝酸盐氮。再者，通过培育和维持优良的微藻藻相，以微藻高效吸收转化水中氮素，使之进入生物的物质循环系统，降低水中氨氮、亚硝酸盐氮含量。

6. pH

通常pH是用于指示水体酸碱的程度，其实它还与水中微藻的生长、溶解氧、环境中有机物含量、水中氨氮和亚硝酸盐氮的毒性等多个因子密切相关。所以在养殖过程中pH可作为初步判断池塘水质优劣的一个重要指标。水体pH为7.8～8.6时有利于对虾的健康生长。水中微藻的数量与光合作用效率对水体pH的日变化影响较大。当微藻密度较高时，通过光合作用，微藻吸收利用水中的碳酸氢根离子，同时促使水中的二氧化碳和碳酸根离子含量大幅降低并释放出氧气，使水体pH不断升高，在天气晴好的午后pH甚至可以升高到9～10。在夜晚或连续阴雨天气时，光照强度弱，微藻的光合作用效率大幅降低，水中各种生物的呼吸作用远强于微藻的光合作用，导致水中的二氧化碳、碳酸氢根离子、碳酸根离子浓度不断升高，水体pH随之降低。所以，在正常状态下水体pH的变动情况可直观反映水中微藻的生长及水体溶解氧。同时，养殖水体pH变化的机制也给我们一个提示，即在天气情况不佳、光照不足或水体微藻藻相不良，光合作用受到限制时，可使用光合细菌制剂调控水体环境，提高暗反应式光合作用效率，能够起到一定的调节水体 pH 的效果。

通常，酸性土质地区的池塘水体 pH 相对较低，养殖中后期水中有机物含量过多、水质不良时 pH 也会相应降低。在低 pH 条件下，水中溶解氧往往容易出现供给不足，从而导致亚硝酸盐氮和硫化氢的毒性增强，这不利于对虾的健康生长。在盐碱地区域的池塘水体 pH 相对较高，或者在养殖过程中使用了生石灰等碱性消毒剂时水体 pH 也会相应升高，而在高 pH 条件下氨氮的毒性会随之增强。所以，在养殖生产中应经常跟踪监测水体 pH 的变化状况，及时采取相应的处理措施，调节水体 pH 使其稳定维持在对虾健康生长的适宜范围。

二、对虾养殖池塘水体生态环境调控的核心目标

对虾养殖池塘生态环境调控的核心是培育和稳定维持良好的浮游微藻藻相和菌相。水体中的微生物和微藻群落的结构与功能，对养殖水体富余营养物质的转化、氨氮和亚硝酸盐氮等有毒有害物质的净化与去除、水体溶解氧和 pH 的稳定控制，以及养殖环境胁迫效应的疏解和病害的生态防控等，均具有极为重要的作用。因此，以调节水体菌藻优势种群作为技术关键，通过阶段性强化水体有益微生物和微藻的生态优势，定向优化调控水中菌藻群落的生态结构与功能，使养殖水环境稳定处于有利于对虾生长的"高活性"健康状态。这即是对虾集约化养殖池塘"菌藻活水"调控技术的基本出发点和最终落脚点。

技术策略：①在养殖初期添加有益菌制剂和特定的微藻营养素，促进水体有益微藻和微生物的生长繁殖，使之达到一定的数量。目的是分解养殖代谢产物，促进池塘物质循环，清洁水质和底质，提升水环境的缓冲性能，以利于应对因天气突变等突发因素引起的水质剧烈变化；②养殖全程持续关注和调控水体菌藻生态功能变化，定期或不定期添加异养菌（芽孢杆菌、乳酸菌等）或自养菌（光合细菌）制剂；促使优良微藻（绿藻、硅藻）和有益菌形成稳定的生态优势，抑制有害蓝藻、甲藻以及致病弧菌等病原生物大量繁殖；③平衡调节水体营养比例，辅以一定的理化型环境改良剂，以维护优良菌藻环境，

促进对虾健康生长。

三、"菌藻活水"调控技术措施

1. 池塘环境的常规化处理

首先，应将池塘清理干净。排干池内水体，清除池底淤泥，对进排水口和池堤进行检查、修整，以防养殖时发生渗漏。曝晒是有效杀灭池塘中潜藏病原生物的一种有效方法，尤其是土池或泥、沙底的高位池，在每茬养殖过后容易积聚有机物、有害菌、病毒携带生物及有害微藻等。通过曝晒能有效清理上述潜在危害因子。对于养殖多年的老化池塘可先用生石灰消毒，再进行曝晒。地膜池和水泥池可先用高压水枪清洗，再曝晒一段时间，时间不宜过长，以免池体出现裂缝。

其次，是安全用药杀灭有害生物。根据国家相关规定选择安全高效的渔用消毒药物，杀灭池塘中的杂鱼、杂虾、小贝类，消除养殖对虾病害的潜在病原宿主，同时还可杀灭环境中的残余病原生物。用药的关键是安全、高效，以免药物残留危害对虾的健康生长。

再者，应对水源进行处理保证用水安全。养殖水源可经过沉淀和过滤后再进入池塘，去除水体中悬浮性或沉淀性的颗粒物及其他一些生物，减少水源杂质和非养殖生物。水源过滤可采用筛绢网和沙滤等方式。通常筛绢网的孔径可选择 60～80 目，具体可根据不同地区水源中需过滤对象的粒径，选择合适孔径的筛绢网。养殖中常用的沙滤方法主要有沙滤井、沙滤池等，过滤效果与沙粒的大小有直接关系，沙粒粒径越小过滤效果越好，但也越容易被污物堵塞，因此不必一味追求细沙过滤，而是根据实际需要选择合适大小的沙粒。

在用水方便的地区，进水时可先进水至 1 米水深，预留部分容积，在养殖过程中根据水质情况逐渐添加新鲜水源至满水位，在进水不便的地区也可一次性进水至满水位，具体可根据水域环境特点和水源供应便利情况而定。对于抽取地下水进行养殖的，水源应先曝晒、曝气后再使用，去除水中的还原性物质和增加水中溶解氧。池塘进水到合适的水位后，以安全高效的消毒剂对水体进行消毒，杀灭水中潜藏的病原生物及有害微藻等。

2. 水体环境营养调节

微藻需要在含有一定量的氮、磷、硅等营养盐的水体中才能良好地生长繁殖。养殖前期水体中的营养水平相对较低，不利于微藻的快速生长。因此，为尽早地培育优良的微藻藻相，形成一定的水色和透明度，需要科学施用微藻营养素，提高水体的营养水平，促进微藻的生长繁殖。常见的微藻营养素目前主要有无机复合营养素、无机有机复合营养素、无机有机生物复合营养素等几种类型（表 5-2）。无机复合营养素中含有易溶解且不被池塘底泥吸附的无机营养组分，包括氮、磷、硅等，不同营养组分的配比合理，符合绿藻和硅藻的营养需求。该类型营养素一般适宜为微藻提供即时利用的营养。无机有机复合营养素主要由无机营养素和有机营养素复配而成，当中的无机营养素可迅速溶解于水中被微藻直接吸收利用，有机营养素通过水环境中的微生物降级转化后养分逐渐释放到水中，保证了营养的持续性稳定供给。该类型营养素适用于水泥池、地膜池等没有底泥的池塘，或者是水源营养贫瘠、新建的池塘。无机有机生物复合营养素是在无机有机复合营养素的基础上加入有益菌及发酵物，主要是为了促进有机营养组分的分解转化，保障微藻营养供给的稳定性、持续性和时效性。

一般在池塘进水放苗前的一周，根据不同类型池塘和水源的营养状况，合理施用微藻营养素。放苗 1~2 周后，微藻快速生长，水中营养盐会被大量消耗，此时，应及时补充追施微藻营养素，保持水体适宜的营养水平，使微藻稳定生长，维持良好水色。一般每隔 7~15 天追施 1 次，重复操作 2~3 次。以选用无机复合营养素或液体型无机有机复合营养素为宜，应避免使用固体大颗粒有机营养素。具体用量应根据产品特点，结合水中微藻生长状况、水体营养水平等酌情增减。

养殖过程因强降雨、台风、温度骤降、消毒剂使用不当等各种因素影响，可能导致水体中的微藻大量死亡，透明度突然升高，水色变清，俗称"倒藻"或"败藻"。此时，可协同使用芽孢杆菌、乳酸菌等有益菌制剂和微藻营养素，一方面利用有益菌快速分解死藻残体，促进环境中有机物的降解转化，为重新培育优良微藻藻相提供良好环境。另一方面需及时补充微藻生长所需的营养，重新培育良好藻相。"倒藻"情况严重的，可先排出一部分养殖水体，引入新鲜水源或从其他藻相优良的池塘引入部分池水，提高池塘微藻密度后，再"加菌补肥"。此时，以施用无机复合营养素或液体型无机有机复合营养素为宜。

表 5-2　营养素的种类及适用池塘类型

营养素的种类	适用养殖池塘类型	适用时间	备注
无机复合营养素	池底有沉积物、水源营养水平较高的池塘	养殖全程	协同芽孢杆菌制剂使用
无机有机复合营养素	水泥池、铺膜池等无底泥的池塘,水源营养贫瘠的池塘,新建的池塘	养殖前中期	协同芽孢杆菌制剂使用
无机有机生物复合营养素	各种类型的养殖池塘	养殖全程	协同芽孢杆菌制剂使用
可溶性有机碳源	增氧设施完备、管理水平较好的集约化养殖池塘	养殖中后期	协同芽孢杆菌制剂使用

此外,养殖中后期池塘水体大多会出现碳、氮营养的比例失衡的状况。通常水中有机碳含量在养殖前中期相对较高,到中后期大幅下降,水体碳氮比(C/N)低于 2.0,平均值为 1.64,水平偏低,此时碳营养元素(主要是有机碳)成了异养菌生长的限制性因素。这容易导致出现水体氮积累效应,使氨氮和亚硝酸盐氮浓度升高。所以,对于增氧设施完备、养殖管理水平较好的集约化养殖池塘,可考虑通过科学添加一定量的可溶性有机碳源,适当提高水体的 C/N 水平,促进异养菌的生长,达到改良水质、优化水体环境的效果。目前常见的碳源有蔗糖、葡萄糖、糖蜜、细米糠、甘蔗渣和木薯粉等。罗亮等(2011)和 Xu 等(2018)指出,在高密度凡纳滨对虾的养殖过程中,适量添加糖蜜有利于改善养殖对虾的体重增长率、特定生长率、存活率和饲料系数等各项生产性能指标。

3. 有益菌调控技术

(1)定期使用芽孢杆菌制剂　在虾苗放养前将芽孢杆菌制剂与微藻营养素配合使用,提高池塘环境中菌群的代谢活性,及时降解转化池塘中的有机物,为微藻生长提供持续的营养供给。此外,由于放苗前采取了清塘、消毒等措施,池中微生物数量水平较低,使用芽孢杆菌制剂有利于促进环境中有益菌生态优势的形成,既可抑制有害菌的生长,还可与其他微小生物或有机碎屑形成有益生物团粒,为虾苗提供优质的生物饵料。

在对虾的养殖全程定期使用芽孢杆菌制剂。一般每 7～15 天追加施用一次,直到收获。菌剂的使用量:按菌剂含芽孢杆菌活菌量 10 亿个/

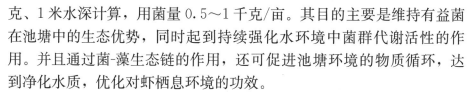

克、1米水深计算,用菌量 0.5~1 千克/亩。其目的主要是维持有益菌在池塘中的生态优势,同时起到持续强化水环境中菌群代谢活性的作用。并且通过菌-藻生态链的作用,还可促进池塘环境的物质循环,达到净化水质,优化对虾栖息环境的功效。

(2)合理使用光合细菌 养殖过程合理使用光合细菌制剂,可平衡微藻藻相,缓解水体富营养化。在养殖中后期随着饲料投喂量的不断增加,水体富营养化水平日趋升高,此时可用光合细菌解决水体水色过浓、透明度降低、微藻过度繁殖的问题。光合细菌制剂使用量:按菌剂含光合细菌活菌 5 亿个/毫升、1 米水深计算,菌剂用量为 2.5~3.5 千克/亩。通过合理使用光合细菌制剂,一方面可有效吸收水中的营养盐(对氨氮吸收尤为明显),优化水质环境;另一方面还可通过生态位竞争防控微藻过度繁殖,避免水体藻相"老化",调节水色和水体透明度。而且光合细菌在弱光或黑暗条件下也能进行光合作用,在连续阴雨天气时使用,可补偿因微藻光合作用效率降低带来的不良影响,在一定程度上替代微藻的生态功能,起到吸收水体营养盐、净化水质、减轻富营养水平的效果。

(3)合理使用乳酸菌制剂 乳酸菌具有较强的有机物降解能力,能吸收转化水体中的亚硝酸盐氮,并且在代谢过程产酸。所以,在养殖中后期水体出现大量泡沫、水中溶解性有机物过多、水中亚硝酸盐氮浓度过高等情况时,可选用乳酸菌制剂进行调控,保持水质处于"活""爽"的状态。对于某些地区在养殖过程出现水体 pH 过高的情况,也可通过利用乳酸菌的产酸机能进行调节,起到平衡水体 pH 的效果。乳酸菌制剂使用量:按菌剂含活菌 5 亿个/毫升、1 米水深计算,菌剂用量为 2.5~3 千克/亩,每 10~15 天使用 1 次。

(4)多种有益菌的协同应用 不同种类有益菌的生理、生化特性各有不同,养殖过程中可根据水质情况将它们进行科学搭配使用,通过协同作用增强水质净化效率。例如,当养殖水体中微藻生长不良时,可选择将芽孢杆菌与乳酸菌、光合细菌配合使用,利用芽孢杆菌快速降解池塘中的有机物,乳酸菌或光合细菌净化水体无机营养物质,有效调控微藻的生长繁殖。罗勇胜等(2006)指出,利用光合细菌和芽孢杆菌协同净化对虾的养殖水体,对 COD 的净化率可达 40% 以上,对氨氮和亚硝酸盐氮的净化率为 35% 和 81%,明显高于单种菌剂的使用

效果。沈南南等（2007）认为，在对虾养殖中每周定期协同使用芽孢杆菌、乳酸菌和光合细菌，可明显提高水质净化效率。其中，芽孢杆菌搭配乳酸菌使用，对水体氨氮和 COD 的净化率可达到 65% 和 37%；芽孢杆菌搭配光合细菌使用，对氨氮和亚硝酸盐氮的净化率可达到 62% 和 46%。可见，充分利用不同种类有益菌的生态特性，根据池塘水质具体情况科学地进行组配使用，可增强水环境调控效果。

（5）菌-藻协同调控水质　在对虾养殖过程中，通过科学使用微藻营养素和有益菌制剂，既可培育和调控优良微藻藻相，还可使微藻与有益菌协同净化水质，为对虾健康生长提供优良的水体环境。有研究指出，在以小球藻为优势种的对虾养殖水体中每周使用芽孢杆菌和光合细菌可有效去除水体中的氮、磷，其中使用菌剂 5 天后，芽孢杆菌＋小球藻组的氨氮、亚硝酸盐氮、活性磷酸盐的去除率分别为 32.9%、13.5%、36.0%，光合细菌＋小球藻组的相应去除率为 33.3%、6.0%、41.8%；在养殖 35 天时，芽孢杆菌＋小球藻组、光合细菌＋小球藻组的氨氮去除率可分别达 76.4% 和 78.9%；并且"藻-菌"环境系统的水质净化效率明显高于单藻和单菌的环境系统。所以，在养殖生产中应同时培养优良的微藻藻相和菌相，使之形成菌藻生态平衡，通过两者的生态协同作用有效调控水体环境。对此，可在虾苗放养前同时使用微藻营养素和芽孢杆菌制剂，培养良好的藻相和菌相；在养殖过程中根据池塘微藻藻相和天气变化情况，合理使用芽孢杆菌制剂和微藻营养素，促进有益菌和优良微藻的生长，维护菌藻系统的生态功能，达到优化养殖水环境的效果。

综上所述，在使用有益菌制剂时，不应仅仅只依赖于某一种细菌，而应充分了解不同微生物间的特性，并根据养殖环境中的主要环境指标，选择合适的有益菌制剂才能取得良好的效果。同时，可选择多种有益菌合理搭配使用，通过多菌种间的协同作用，有利于高效净化水质环境，促进对虾健康生长。

4. 优良微藻藻相调控技术

首先，在养殖放苗前，使用浮游微藻营养素和芽孢杆菌制剂，使绿藻和硅藻等优良藻类形成生态优势，之后每 10 天施用芽孢杆菌，促进优良微藻的稳定生长，形成"菌-藻"平衡的相对稳态环境。在有条件的养殖场还可通过在养殖池实施微藻藻相的人工定向构建技术，从养殖水体选择优势度大于 0.15 的优良土著微藻藻种进行三级扩大培养，人工干预藻相中优势种的组成，避免池塘微藻生物多样性过于单一而造成养殖中后期因个别微藻种群过度繁殖或消亡。

其次，在养殖过程中根据天气及水体中微藻藻相情况，合理使用芽孢杆菌、光合细菌、乳酸菌和其他水质调节剂，强化"微生物-微藻"途径的生态功能，促进池塘环境中的物质流转与循环再利用，避免养殖代谢产物的大量积累，造成水体富营养化负荷增加，为"喜污性"的有害蓝藻或甲藻暴发增长提供有利环境。

再者，将有害蓝藻、甲藻水华防控技术纳入养殖全程的微藻环境管理体系中，科学使用蓝藻溶藻菌制剂或甲藻溶藻菌制剂，抑制颤藻、微囊藻、裸甲藻、多甲藻、原甲藻等有害微藻的生长繁殖，促进池塘中绿藻和硅藻等的稳定增殖，使水体形成以有益绿藻或硅藻为优势种的微藻藻相结构。利用"藻-藻"竞争的途径有效防控蓝藻或甲藻水华的暴发。

此外，根据不同阶段池塘水体营养状态、天气情况、饲料投喂策略以及水体微藻藻相结构，科学选用不同种类的微生物制剂、水环境理化调节剂，实时有效地调控池塘微藻环境，避免出现白浊水、澄清水、青苔水、黄泥水、黄色水、暗绿水、蓝绿水、酱油水等不良水色状况。

技术应用实践显示，在地膜高位池的集约化对虾养殖过程中，到养殖 100 天以后水体仍呈现鲜亮的黄绿色，溶解氧大于 6.0 毫克/升，微藻藻相以绿藻为主，其数量占微藻总量的 70% 以上，其中优势种蛋白核小球藻数量达 1.69×10^6 个/升，养殖对虾大小均匀、个体结实饱满、活力较强。并且还有利于改良和稳定水体溶解氧、氨氮、亚硝酸盐氮、COD、pH 等水质指标，池塘水体环境调控效果明显。

第四节 典型案例

选择位于广东省汕尾市红海湾凡纳滨对虾养殖基地进行"菌藻活水"技术的养殖应用试验。采用铺膜式高位池，半封闭式集约化养殖管理模式。养殖用水经沙滤处理后引入池塘，以水车增氧机、射流增氧机和池底充气式增氧管为养殖水体进行立体增氧。养殖过程每 10 天施用有益菌制剂调控水质。试验共使用 9 口池塘，按所使用有益菌制剂的种类分为 A、B、C 3 个试验组，每组均设置 3 个池塘（表 5-3）。A 组使用的有益菌制剂为芽孢杆菌制剂、B 组为光合细菌制剂、C 组为芽孢杆菌制剂和光合细菌制剂混合使用。所用菌剂均由中国水产科学研究院南海水产研究所提供，芽孢杆菌制剂和光合细菌制剂的活菌含量分别为 1.0×10^9 个/克和 5.0×10^8 个/毫升。整个养殖时间持续到 100 天收获。结果显示，三个试验组中以 C 组的单位面积产量和对虾成活率最高，产量为每公顷（$25\,597.3 \pm 928.5$）千克，成活率为（77.1 ± 9.0）％，均显著高于 A 组和 B 组（$P<0.05$）；其中，产量分别较 A 组、B 组提高了 17.99 个百分点和 19.40 个百分点，成活率提高了 23.34 个百分点和 19.74 个百分点（表 5-4）。

　　虽然养殖后期三个组的池塘微藻的细胞数量和生物量水平均较为稳定，微藻的细胞数量基本处于 $10^5 \sim 10^6$ 个/毫升，生物量为 $25.52 \sim 178.70$ 毫克/升。但是 C 组池塘的微藻优势种为蛋白核小球藻，藻细胞数量为（289.52 ± 142.10）$\times 10^4$ 个/毫升，优势度为 0.878 ± 0.161，A 和 B 组均以绿色颤藻为绝对优势，其优势度指数分别达到 0.529 ± 0.199 和 0.656 ± 0.184，明显高于其他优势种。经多元逐步线性回归分析，结果显示养殖对虾产量与池塘中蓝藻的优势度呈显著的负相关关系，即在养殖过程中如果形成以有害蓝藻为优势的微藻群落结构，将严重影响对虾养殖产量。所以在对虾养殖生产时应将有害蓝藻作为养殖环境调控的重要因子之一。而通过科学使用芽孢杆菌、光合细菌等不同种类的有益菌制剂，充分利用各种有益菌的不同生态功能，可有效优化养殖池塘微藻群落，严格控制有害蓝藻数量，取得较好的养殖效益。

表 5-3　不同试验组养殖池塘的基本情况

项目	试验分组		
	A	B	C
池塘面积（公顷）	0.24 ± 0.01	0.29 ± 0.02	0.22 ± 0.16
对虾放养密度（万尾/公顷）	200.0	200.0	200.0
水深（米）	2.09 ± 0.04	1.82 ± 0.02	1.84 ± 0.02
使用有益菌种类	芽孢杆菌	光合细菌	芽孢杆菌+光合细菌
有益菌使用数量（毫克/升）	1.50	3.00	0.75+1.5

　　注：养殖过程中有益菌的使用频率为每 10 天使用一次，整个养殖时间为 100 天，C 组芽孢杆菌和光合细菌的混合比例按细菌数量比 1∶1。

表 5-4 不同试验组对虾养殖产量及水质情况

项目	试验分组		
	A	B	C
对虾产量（千克/公顷）	21 693.7±846.6	21 439.0±1814.6	25 597.3±928.5
个体体重（克）	9.62±0.02	9.70±1.65	8.59±0.93
成活率（%）	53.7±2.1	57.3±5.9	77.1±9.0
透明度（厘米）	38.67±13.61	30.00±2.00	39.33±16.04
pH	7.30±0.10	7.27±0.06	7.30±0.10
水温（℃）	30.63±0.15	29.93±0.15	30.37±0.21
盐度	25.00±1.00	35.67±0.58	34.67±1.53
溶解氧（毫克/升）	5.197±0.099	4.683±0.111	4.310±0.113
氨氮（毫克/升）	5.680±2.820	0.847±0.450	0.598±0.305
硝酸盐（毫克/升）	7.710±1.560	0.211±0.074	0.302±0.067
亚硝酸盐（毫克/升）	0.125±0.083	0.145±0.143	0.115±0.065
活性磷酸盐（毫克/升）	0.501±0.241	0.034±0.016	0.121±0.113
硫化物（毫克/升）	<0.02	<0.02	<0.02
总有机碳（毫克/升）	20.800±5.311	26.000±1.970	20.267±3.150
总氮（毫克/升）	10.357±1.216	6.740±0.849	5.873±0.566
总磷（毫克/升）	1.497±0.716	0.753±0.006	0.667±0.068
总氮/总磷	7.943±3.199	8.950±1.156	8.920±1.719

注：养殖池塘水体中的硫化物含量小于检出限 0.02 毫克/升。

第五节 经济、生态及社会效益分析

在经济效益方面，可提高养殖对虾单产和成活率，经济效益明显。在试验示范的 C 组池塘中，其单位面积产量和对虾成活率最高，产量为每公顷（25 597.3±928.5）千克，成活率为（77.1±9.0）%，产量分别较 A 组、B 组提高了 17.99 个百分点和 19.40 个百分点，成活率提高了 23.34 个百分点和 19.74 个百分点。按单茬养殖 100 天，一年养殖 2 茬，养成的商品对虾收购价格 50 元/千克进行计算，C 组池塘养殖对虾的年产值为 255.97 万元/公顷，按利润率 35% 计算，其单位面积的年利润为 89.59 万元/公顷，经济效益显著。

在生态效益方面，通过优化水体菌藻生物群落达到调控水质，疏解养殖环境胁迫，减少换水量的效果，生态效益明显。在对虾集约化养殖生产过程中，利用芽孢杆菌、乳酸菌、光合细菌和微藻营养素等水环境改良剂调控池塘水体菌藻生物的优势种群，促进养殖过程中水体物质的循环与转化，避免氨氮和亚硝酸盐氮等有毒有害物质的积累，使养殖水环境稳定处于有利于对虾生长的"高活性"健康状态。通过将不同种类微生物进行配伍使用，可令水中氨氮、亚硝酸盐氮和COD浓度分别降低60％、46％和37％。其次，在以小球藻为优势的养殖水体中施用有益微生物制剂，水中氨氮、亚硝酸盐氮和活性磷酸盐的浓度分别降低了32.9％、13.5％和36.0％，净水效果明显。再者，通过科学使用有害微藻的溶藻菌制剂，抑制颤藻、微囊藻、裸甲藻等有害微藻的生长繁殖，促进池塘形成以绿藻和硅藻为优势的优良微藻藻相，使绿藻数量占水体微藻总量的70％以上，优势种蛋白核小球藻数量达1.69×10^6个/升，有效防控水体出现蓝藻或甲藻等不良藻华现象，进而为改变以往以大换水方式缓解养殖中后期的环境胁迫效应，提供了生态、高效的技术解决方案，生态效益显著。

第六章

滩涂贝类围塘级联式高产健康养殖模式

第一节 模式介绍

在滩涂贝类围塘级联式高产健康养殖模式中，虾蟹养殖区跟贝类养殖区用堤坝完全隔离，使用1/5左右的池塘面积养殖贝类，另外4/5池塘面积用于养殖虾蟹（彩图14），虾蟹养殖塘由2～3口相互独立的塘组成，这些塘可通过水闸或水管跟贝类养殖塘相通。

虾蟹养殖塘通过人工营养调控和饵料投喂进行饵料微藻培养，通过跟贝类养殖塘之间的水闸或管道将虾蟹养殖塘的饵料池水投喂进贝类养殖池，投喂量视贝类摄食量调节。被贝类摄食干净的塘水可以基本做到零污染排放，也可以通过水泵回抽进虾蟹养殖塘循环利用。

该模式中，贝类养殖塘和虾蟹养殖塘完全独立，一方面可保证虾蟹养殖塘和贝类养殖塘操作的独立性，比如贝类养殖塘在根据气候变化需要定期把水排干时不会影响虾蟹养殖的正常管理；另一方面可避免养殖虾蟹对养殖贝类的钳食；同时由于虾蟹养殖区同时具备贝类饵料培养功能，可保证在任何气候条件下虾蟹养殖区的饵料微藻不被贝类摄食耗尽。

该模式中，对虾养殖池内人工投喂的残饵及对虾粪便等代谢废物转化为营养盐被池中微藻充分吸收利用，使围塘中浮游藻类维持较高的种群优势后注入贝类养殖塘，贝类滤食从虾蟹塘带来的丰富藻类、有机碎屑和菌团等，滤清后重新流回虾蟹养殖塘，从而达到净化水质、循环利用海水的目的。相对于传统的同一塘中鱼虾贝混养模式，该方法既能实现贝类生长底质免遭对虾残饵、粪便等覆盖污染，提高贝类的存活率和品质，又能通过控制水闸调节进排水量，保证虾塘持续不

断地给贝类养殖塘提供充足的饵料生物，可以实现"以晴补阴""以丰补欠"的效果，同时充分达到了对虾塘和贝类塘水体中氮、磷等营养盐的资源化利用的目的。

第二节　技术和模式发展现状

随着人口的不断增长，人类对食物的需求也急剧增加。由于城市扩张、水土流失、土质退化、水资源短缺以及气候变化等原因，从陆地获取的食物资源有限并呈下降趋势，海洋生态系统已成为食物资源的主要增长点（Smaal et al.，2018）。滩涂贝类作为一种可持续获得的低食物链资源，不仅为人类提供了丰富的营养物质（高蛋白、低脂肪、维生素 A 和维生素 D、矿物质碘硒钙、n-3 不饱和脂肪酸等），而且是沿海居民重要的经济来源（Smaal et al.，2018；Beninger et al.，2018）。滩涂贝类产量约占我国海水养殖总产量的 19%，主要包括底栖类和表栖类物种（林国明，2004）。底栖类物种包括蛤（文蛤、青蛤、菲律宾蛤仔、四角蛤蜊等）、蛏（缢蛏、大竹蛏等）、蚶（毛蚶、泥蚶、魁蚶等）等，以底播养殖为主；表栖类物种包括牡蛎（太平洋牡蛎、近江牡蛎、褶牡蛎等）、贻贝（紫贻贝、厚壳贻贝、翡翠贻贝等）、扇贝（栉孔扇贝、虾夷扇贝、海湾扇贝、华贵栉孔扇贝等）等，以筏式养殖为主（Smaal et al.，2018；Beninger et al.，2018；林国明，2004）。本节主要就滩涂贝类养殖模式进行阐述。

自然潮间带滩涂养殖模式由于受环境因子影响较大、饵料资源有限、敌害生物多、养殖容量低、养殖周期长、经济效益低，且常与物种资源保护、生态环境休养与恢复、经济发展等相抵触，发展潜力有限、养殖面积逐年减少。目前，围塘养殖模式已成为我国滩涂贝类（尤其是底栖类）养殖发展的趋势，即利用沿海滩涂筑堤围塘，充分利用空间生态位、营养生态位，进行蓄水、多营养层次综合养殖，具有投资少、风险小、效益高、设施简单、操作方便、受不利环境影响小，且养殖水质较好、饵料生物充足、摄食时间长、生长速度快、品质高等优点（林国明，2004；林志华等，2005；黄建新等，2006）。经济效益和可持续性是驱动滩涂贝类养殖产量持续稳定增长的关键因素，因此设计滩涂贝类围塘高产健康养殖模式对于在保护环境、节约资源、符合可持续发展要求下最大化滩涂贝类产量具有重要指导意义。这将有助于养殖农民充分了解滩涂贝类及其他生物在养殖生态系统中的作用，从而注重养殖方式、养殖容量、富营养化、环境污染、水质调控等因素，提高滩涂贝类作为食品的品质和可靠性，保障滩涂贝类产业的可持续健康发展。

我国滩涂贝类围塘养殖大多采用"鱼-虾-贝-藻混养"方式，即将鱼、虾、贝和藻混养在同一池塘并进行简单分区。通常滩面的1/3用于养殖滩涂贝类，四周用渔网圈围或滩面铺网，剩余滩面和环沟混养鱼、虾、蟹类。贝类可以滤食水体中的有机碎屑和微藻，鱼、虾、蟹的残食及粪便可以用于浮游动植物的繁殖，也能够能被贝类滤食，起到调节水质、互利共生的作用，通过改善养殖系统的结构和功能增加产量、减少投入和污染。这种养殖模式是20世纪80年代开始，逐步推广形成的海水围塘"综合养殖"高产技术，又称"池塘综合利用"（林国明，2004；林志华等，2005；黄建新等，2006）。这种混养模式的塘租、人工费少，苗种、饲料等生产资料价格低的早期阶段，养殖户采用低密度养殖时，确实推进了沿海海水养殖业的发展，显著提高了养殖效益。曾在浙江、江苏、福建等省份广为推广，至今在浙江省的许多海水围塘主养区依旧采用这种模式，一般对虾的亩产量在250～400千克，缢蛏的亩产量在800～1 500千克。

但随着塘租、饲料、人工等生产成本的不断上涨，人们不得不开始采用高密度混养，不断增加投放的虾、蟹、贝类的苗种数量，其结果是直接导致投饵量增加、粪便增多、池塘中有机质堆积、底泥恶化发黑、细菌大量滋生、养殖病害频发，不仅产量不稳定，达不到预期效果，反而导致连年亏损。究其原因，一方面由于混养在同一水体中，在生存空间和溶解氧上造成直接竞争，需要加大换水量来保持较好的水质；另一方面鱼虾的残饵和排泄物会直接沉降覆盖在贝类所生活的底泥上，造成底泥发黑，严重的会因产生大量氨氮、硫化氢等有害物质使贝类大面积死亡。同时，在晴天光合作用强，藻类等饵料生物繁殖快时，贝类饵料充足，而连续阴天时就会造成贝类饵料严重不足，从而严重抑制了贝类的养殖成活率和生长速度。因此，在新形势下必须从根本上改变目前的养殖模式，大幅提高围塘贝类养殖效率。

2013年前后，浙闽部分地区养殖户开始在宁波大学贝类增养殖

科研团队的指导下，构建了海水池塘虾蟹贝分区循环水养殖模式（图 6-1）。

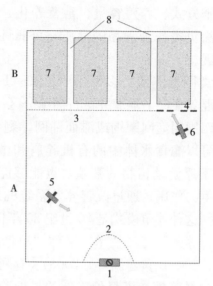

图 6-1　虾蟹贝分区循环水养殖模式

A. 虾蟹养殖区　B. 贝类养殖区

1. 进排水闸门　2. 孔径小于 4 毫米的防敌害进水网　3. 孔径 2～3 毫米的尼龙网

4. 孔径 5 毫米的尼龙网　5～6. 叶轮式增氧机　7. 贝类养殖涂面　8. 管理槽沟

整个海水围塘用尼龙网隔成两个既相互独立又可进行水体交换的养殖系统，即贝类养殖区和虾蟹养殖区两个部分，贝类养殖区占总围塘养殖面积的 1/5 左右，养殖贝类的涂面水深控制在 50～70 厘米。虾蟹养殖区同时具备贝类饵料微藻群落培养功能，水深大于 1 米。

在虾蟹养殖区域靠近贝类养殖区域的一边安置叶轮式增氧机，在增氧的同时能够产生足够的水流，增氧时水流流向贝类养殖区；在该增氧机的斜对角安置一台与水流方向相反的增氧机，根据围塘面积大小，可使用 1.5～3 千瓦的增氧机，以保证开机 1 小时左右可以使整池水充分流动。

用来分隔贝类养殖区和虾蟹养殖区的尼龙网大部分网孔孔径控制在 2～3 毫米，一方面防止养殖虾蟹从虾蟹养殖区进入贝类养殖区钳食贝类，另一方面可以保持虾蟹养殖区和贝类养殖区水体的相对独立。同时，在靠近增氧机增氧时的水流方向，留出不大于 2 米宽度的 4～5 毫米孔径的尼龙网，方便开动增氧机时虾蟹养殖区的水流快速进入贝类养殖区。另外，在虾蟹养殖区叶轮增氧机外围 2.8～3.2 米半径处增加 2～3 毫米孔径的拦虾用尼龙网，防止增氧时飞转的叶轮伤害到养殖虾类，也防止养殖虾类随水流冲击到分隔网上进入贝类养殖区。所有分隔网、拦虾网和防害网均高出最高水面 30 厘米。

贝类养殖区设置有宽 20～30 厘米、深 10～20 厘米的槽沟，可以将该养殖区再分隔成不同的区域，一方面便于养殖户在日常管理涂面行走时不会踩到养殖贝类；另一方面不同养殖区块可以养殖不同品种的滩涂贝类，便于日常管理和按不同品种分别收获。

与以前大部分虾蟹贝混合养殖方式相比，笔者构建的虾蟹贝立体循环养殖系统在保持了原有养殖方式的所有优点基础上，还具有明显的优势：①该系统中叶轮式增氧机同时具备两个功能，一是给虾蟹养殖水体增加溶解氧，二是给贝类养殖区输送饵料微藻。②合适网孔孔径的分隔网也具有两个功能，一是避免养殖虾蟹对养殖贝类的钳食，二是将整个池塘分隔成相对独立的贝类养殖区和虾蟹养殖区。由于虾蟹养殖区同时具备贝类饵料培养的功能，可保证在任何气候条件下虾蟹养殖区的饵料微藻不被贝类摄食耗尽。③贝类养殖区跟虾蟹养殖区相对分开，所有投饵施肥均在虾蟹养殖区完成，完全避免残饵、排泄物对底部养殖贝类的伤害，可使贝类产量大幅度提高。

该技术从 2013 年开始在福建、浙江部分养殖场应用，取得了良好的经济效益。例如 2016 年在福建省宝智水产科技有限公司近 100 亩养殖围塘进行凡纳滨对虾、脊尾白虾、梭子蟹和缢蛏的混合养殖，其中约 4/5 面积进行虾蟹养殖，1/5 面积进行缢蛏养殖，按照总面积折算，平均每亩收获凡纳滨对虾 176 千克，产值 6 280 元；每亩收获脊尾白虾 141 千克，产值 7 050 元；每亩收获梭子蟹雄蟹 18 千克，产值 540 元；膏蟹 34 千克，产值 5 170 元；缢蛏养殖区亩产达 1 610 千克，按照总面积折算每亩产值达 8 910 元；每亩全年总收入 2.8 万元。而采用常规混养技术养殖的围塘每亩全年总收入不足 2 万元，其中蟹类总收入 5 240 元/亩，跟本技术相差不大；但凡纳滨对虾和脊尾白虾产量仅分别有 112 千克/亩和 107 千克/亩，虾类总收入只有 9 320 元/亩，跟本技术收益相差甚远；特别是缢蛏养殖区亩产只有 1 431 千克，而且规格偏小偏瘦，销售价格平均相差 5.4 元/千克，所以按照总面积折算缢蛏产值每亩仅为 5 130 元。可见，通过使用滩涂贝类围塘级联式高产健康养殖模

式，养殖企业的经济效益得到了显著提升。

虽然本养殖模式跟以前传统的养殖模式有着较大的优势，但仍然存在不足：①不同品种的采收会互相影响，比如在采收贝时，需要将虾蟹养殖池的水基本排干，严重影响了虾蟹养殖的正常管理；②网片清理麻烦，有时候蟹进入贝类养殖区，损失很大；③当养殖池微藻群落不合适时无其他可调换方案。

据此，在"虾蟹贝分区循环水养殖模式"基础上，宁波大学贝类增养殖团队跟养殖场密切合作，构建了滩涂贝类围塘级联式高产健康养殖模式。

第三节　技术和模式关键要素

一、滩涂贝类池塘底质选择与改良

1. 底质选择

蛏、蚶类要求以泥为主；菲律宾蛤仔要求含沙量 20% 以上；文蛤要求含沙量更大，一般在滩面上铺沙，厚度 8~10 厘米，以创造适应其生长的环境；青蛤对底质的适应能力比菲律宾蛤仔和文蛤更广泛。

2. 池塘清淤除害与改造

放苗前彻底清池，这对于苗种早期成活率很重要。池塘底部开挖环沟、纵沟和中央沟。放苗前 20 天，清除过厚淤泥、曝晒塘底、翻耕滩面（深度达 20 厘米以上为好）、耙细整平、压沙等，提高滩涂的通透性、优化养殖环境，按照养殖品种的特点建立畦田。蛏畦一般宽 3~4 米，长度随滩面而定，间隔 1 米，畦沟深 0.2~0.3 米；泥蚶、蛤仔等的畦田相对简单，可划分较大的畦田，畦间留 1 米的畦沟；蛤仔、文蛤、青蛤等的畦田，也可以在滩面上多开沟起垄，将蛤苗放养在沟垄的顶部和两侧。

3. 药物消毒除害

池塘清整改造完成后，应当用生石灰、漂白粉、茶籽饼等消毒清池。其中，生石灰的效果较好，每亩 50~100 千克，除了能杀灭敌害以外，沉积的钙质有利于贝类的吸收和调节底质，注意漂白粉和生石灰不能混合使用。清池消毒后要及时加装进水过滤网，早期放养贝苗的时候，最好使用 80 目网，后期可用 60 目网。池塘消毒一周后，进排水

2～3次以消除毒性。

二、贝类养殖容量控制

养殖容量是指在保护环境、节约资源的前提下，符合可持续发展要求的最大养殖量。就一般池塘条件而言，缢蛏放养4 000～6 000粒/千克规格的苗种较好，放养密度20万～35万粒/亩；泥蚶放养600～1 000粒/千克规格的苗种较好，放养密度25万～35万粒/亩；菲律宾蛤仔放养6 000～8 000粒/千克的苗种较好，放养密度30万～50万粒/亩；文蛤放养1 000～1 200粒/千克的苗种较好，放养密度10万～20万粒/亩；青蛤放养400粒/千克规格左右的苗种较好，放养密度20万～30万粒/亩。任何营养级组成比例的变化将扰动生态系统平衡，影响下一营养级的承载能力，导致经济效益受损，因此必须严格控制养殖容量。

三、水质调控

贝类养殖池饵料通过虾蟹养殖池的塘水提供，所以在贝类放苗前15天左右，虾蟹养殖池要提前培水，保持水色鲜活。贝类养殖池提前进水没过蛏埕20厘米左右，放苗时注意观察水体藻色，呈浅黄绿色或浅褐色为好，如果藻色太浓需要及时排出并进新鲜海水，如果过于透明则排入虾蟹塘水。以缢蛏为例，刚放苗后的1个月内保持蛏塘水质清淡，控制饵料藻类密度，防止因藻类过浓造成缢蛏死亡；7—8月通过人工生态调控培藻与对虾投饵增肥相结合充分保证缢蛏的摄食；进入10月以后随着缢蛏性腺的发育，为了防止蛏子排卵后消瘦，抵抗力下降而导致大批自然死亡，采取技术性控藻策略，即采取"半饥饿"手段，抑制缢蛏性腺过快发育，防止11月精卵排放；进入12月以后，随着水温的下降，池塘中的自然藻不易培养，可采取人工藻接种发藻的方法进行补充；3月开春后，由于对虾尚未放养，则积极采用各种肥水剂发塘供藻。

虾蟹养殖池水质的好坏直接影响贝类的正常生长，所以贝类整个养殖期都要注意保持虾蟹养殖池水质良好。虾苗放养后，可使用经国家许可的微生态制剂控制水质。水体透明度最好控制在30厘米左右。养殖前期以定期（5～7天）泼洒芽孢杆菌为主，若不理想则第二天补

充泼洒，并辅助泼洒光合细菌、乳酸菌，泼洒之后注意观察水质变化，根据水质变化适当调整益生菌的用量。养殖后期适当增加芽孢杆菌的用量，以控制弧菌占总菌比例低于5％。总菌低、弧菌高时，则用蛭弧菌类处理。视水体肥瘦，适当追肥，追肥遵循少量多次原则，可以根据实际情况补充红糖、矿物质（如虾宝）、多维等。倒藻后的水体更要注意补充益生菌以及底质改良剂、微量元素、生物解毒素、有机酸、解毒活水素（腐殖酸钠）等。

盐度因子在贝类生长和营养积累过程中起着举足轻重的作用，我国东南沿海大多滩涂贝类养殖品种比如缢蛏、泥蚶、青蛤等都适宜在中等偏低的盐度里生长，但偏低的盐度不利于贝类优质营养风味的积累。研究发现，如果将贝类养殖盐度调节到最适宜生长的范围，而仅仅在出塘前一个月才将盐度调节到较高盐度，就可使贝类的养殖产量和营养价值得到有效兼顾，从而可以保证养殖户获得最高的经济效益（Ran et al.，2017）。

四、滩涂贝类养殖安全控制

对贝类围塘养殖过程中有毒微藻、富营养化水平、重金属水平等环境因子进行定期监测，从而大大提高贝类围塘养殖水体中有毒微藻的预警能力，有效降低贝类养殖过程中由于摄食有毒微藻而导致的食品安全风险，保障滩涂贝类作为食品的品质和可靠性。

第四节 典型案例

一、苗种投放

图 6-2 为 2018—2019 年位于浙江省宁波市鄞州区瞻岐镇一个典型级联式养殖模式池塘布局方案，由 1 口 8 亩的缢蛏养殖池塘、1 口 8 亩的虾蟹养殖池塘和 2 口相互串联的各 12 亩的虾蟹养殖池塘组成，贝类养殖池塘跟虾蟹养殖池塘面积比为 1∶4。两口 8 亩的池塘可以轮作养殖缢蛏。

2018 年 3 月 10 日对养殖池塘用生石灰进行彻底消毒处理，对底泥进行干塘翻晒，4 月 10 日用 150 目尼龙网进行拦网进水。虾池水位在50 厘米左右。

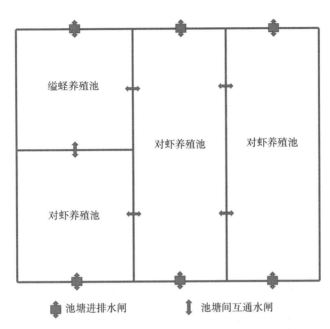

图 6-2 滩涂贝类围塘级联式养殖模式池塘布局示意图

4月15日池塘水温持续在20℃时放养凡纳滨对虾虾苗，32亩养虾池共放优质品牌一代高抗苗250万尾，体长规格在1厘米左右，用尼龙袋充氧方法运输至养殖地。将虾苗移入养殖池塘时注意养殖塘与虾苗育苗场的水温和盐度相差不要过大，放苗动作轻巧，带水操作，顺风放苗。放苗2天内用2毫克/升应激宁等抗应激药物全池泼洒。

5月1日缢蛏养殖塘进水没过蛏埕20厘米左右，5月6日播养蛏苗。蛏苗购自滩涂人工培育的苗种，8亩蛏塘共购买5 000粒/千克规格的蛏苗600千克。带水进行播苗，保证播苗均匀。

二、对虾养殖管理

整个养殖期间水温应在15～35℃，养殖第一茬前期和第二茬后期，外界气温较低时，要注意水位调节，保持较高水位；盛夏季节当水温持续超过32℃时，要注意防止高温缺氧。

放苗后20天内，每天黎明前及中午开启空气压缩机增氧2小时；放苗20天后，增开叶轮式增氧机1～2小时，阴雨天增加开机时间和次数；放苗70天后，除投饵时暂停外，全天开启空气压缩机和叶轮式增氧机。养殖中后期，喂料的时候关闭边上2台增氧机，开动中间一台增氧机，保证溶解氧充足。一般喂料后2天，调换，开边上2台，关闭中间一台。养殖后期，到晚上3台全开。

水质管理原则，前期以加水为主，中后期要勤换水。养殖前期向养殖池逐步加水，有条件的每天或隔天加水10厘米，养殖池水位达2米后，开始逐步与养蜇塘循环交换，初始蜇苗较小，日交换量在5%左右，半个月后增加到15%左右。中期随着气温升高，虾池中藻类渐浓，蜇苗的摄食量也同时增加，增大循环交换水量，日循环交换水量由中期的15%逐渐增加到50%以上，也可以采取24小时流水循环。出现塘水过浓、浊水、倒藻现象，应适当增加换水量，及时采取措施补偿新鲜海水，并增加培藻营养剂的用量。

虾苗放养后，水体透明度最好控制在30厘米左右。养殖前期定期（5~7天）泼洒芽孢杆菌，辅助泼洒光合细菌、乳酸菌，泼洒之后注意观察水质变化，根据水质变化适当变换下次泼洒益生菌的用量。养殖后期适当增加芽孢杆菌量至10万~25万/毫升，以控制弧菌占总菌比例低于5%，当总益生菌低、弧菌高时，用蛭弧菌类处理。视水体肥瘦，适当追肥，追肥遵循少量多次原则，可以根据实际情况补充红糖、矿物质（如虾宝）、多维等。倒藻后的水体更要注意补充益生菌以及底质改良剂、微量元素、生物解毒素、有机酸、解毒活水素（腐殖酸钠）等。

注重水质管理的同时也要重视底改。前期可以以生物型底改剂为主，过硫酸氢钾类底改剂为辅；养殖中后期以过硫酸氢钾类底改剂为主，生物型底改剂为辅。

选用大品牌优质饲料，早期一日投喂三餐，夏天一般在05:30—06:00、10:30和16:30投喂，中后期在06:00、16:00左右各投喂一次。每次投饲量基本相同，傍晚略多。养殖初期以散投在池塘四周为主，中后期全池均匀投饲。

根据对虾的摄食量、体质、天气状况，以及养殖塘的水质优劣、溶解氧与亚硝酸盐水平、水温、盐度、换水量等适当调整投喂量。常规配合饲料日投饲率为3%~5%，实际操作中根据对虾尾数、平均体重、体长及日摄食率，计算出每日理论投饲量，再根据摄食情况、天气状况，参考饲料厂推荐的投饲率，确定当日投饲量。投饲后，观察对虾摄食情况，并对投饲量进行调整。不定时停止投喂1餐，遇到转肝期适时控料，以约1小时内吃完为宜。

整个养殖过程，料台放料比为 2%，定时观察料台，如果料台里没有残饵、虾很少、粪便也很少，表明投喂过少，应适当加料或者隔餐加料，日加料量不超过 10%；料台里无残饵、虾很多，则不加料或者少加；料台里有残饵，则适当减料。原则为快减料，慢加料。另外，经常在投喂 2 小时后抛网检查一次，如果有 70% 左右的对虾肠胃饱满，说明投喂恰当，避免暴食。如果投喂前，对虾肠道呈现藻色或者偏黑色，表明投喂时间比较合适。

养殖中后期至起捕阶段可在饲料中加入维生素 C、免疫多糖、免疫多肽等添加剂。一般每日添加 2～3 次，投饲 2 天、停 2 天。

每日早、中、晚各巡池一次，观察对虾活动、分布、摄食及饲料利用情况，巡池时尽量减少对对虾的惊吓。经常清除敌害生物，及时对病、死虾进行处理并分析病、死因。

每日测量水温、溶解氧、pH、透明度、盐度、氨氮等水质要素。经常检测池内浮游生物种类及数量变化。每 10 天测量一次对虾的生长情况（体长和体重），每次测量尾数至少 50 尾，根据对虾的增长速度，结合各项管理措施，判断对虾的生长状况，及时调整和改变管理措施。每日做好相应的数据记录。

当对虾的规格达到尾体重 10 克以上时开始起捕。第一茬养殖对虾从 7 月 1 日开始起捕，7 月 10 日前捕捞完毕。清塘后第二茬养殖于 7 月 20 日投放标粗后的虾苗 85 万尾（平均体长 3.2 厘米），10 月 20 日收获完毕。

三、缢蛏养殖管理

缢蛏养殖过程中，改良水质、底质是养殖的关键，前期刚放苗的 1 个月内保持蛏塘水质清淡，控制饵料藻类密度，防止因藻类过浓造成缢蛏死亡；7—8 月通过人工生态调控培藻，对虾养殖池塘藻色浓郁，基本能满足缢蛏摄食；进入 10 月以后随着缢蛏性腺的发育，为防止缢蛏排卵后消瘦，抵抗力下降而导致大批自然死亡，采取技术性控藻策略，即采取"半饥饿"手段，抑制缢蛏性腺过快发育，防止 11 月精卵排放，取得较好效果；其中，10 月 20 日后对虾收获结束，对虾养殖池采用池塘肥水剂进行藻群培养。特别是 3 月开春后，缢蛏摄食量增加，要积极采用各种肥水剂发塘供藻。

缢蛏苗种投放一个月后，每天用水泵从淡水河抽入淡水，使得养蛏塘的水体盐度一直维持在13~20，起捕前将养殖水体盐度提高到25~30，从而使收获的缢蛏肉质结实、风味更佳。

播放蛏苗后，埕面水深20~30厘米即可，以后每周加水20~25厘米，视水色情况，适时适量换水、肥水，保持水质清新活嫩，暴雨后及时排去上层淡水。基本原则：前期水位浅，控制蛏埕面水深在30~50厘米；8月高温季节，保持较高水位，控制蛏埕面水深在80~100厘米，防止水温过高，影响缢蛏的生长速度。

选择大潮水的夜晚，通过排水露出蛏埕面（干露）过夜，涨潮后立即纳入新鲜海水。一般每十天到半个月干露一次。定期采取干露的方法可促进缢蛏在泥中上下运动，涨潮时进水。高温季节防止晚上缺氧，在保证第二天可以进水的前提下，每晚干露，天明引入虾池水。

播种后2~3天检查蛏苗的成活率，一般需超过95%。整个养殖期间保持定期下塘检查，清除杂物，推平坑洼的埕面。尤其在春夏之交暴雨频繁，大量泥浆淤积埕面，严重时能使缢蛏窒息死亡，针对这种情况使用推土板将淤泥推开。进入夏季后由于日照长、气温高，出现埕面水被太阳晒得发烫的情况，容易导致高温烫苗，因此夏季重点做好水位控制，大多控制在1米以上。

整个缢蛏养殖期采取与养虾塘生态循环养殖的模式，缢蛏饵料通过养虾塘源源不断地输入，基本保证了各种天气情况下的饵料供应。

及时清除杂藻，特别是危害较大的藻类如甲藻类及浒苔等。平时注意观察水色和水体透明度变化情况，监测藻类种类，一旦甲藻大量繁殖，就采取大换水或泼洒药物等措施予以控制；浒苔及刚毛藻等丝状藻类是滤食性贝类养殖池塘常见的有害藻类，养蛏塘浒苔暴发也是导致缢蛏产量低最直接的原因，一旦暴发，池水很难肥起来，危害严重，所以一旦发现就采取人工捞取或泼洒药物予以杀灭。

蛏苗播后约经过12个月养成，于2019年5月25日采收完毕。

第五节　经济、生态及社会效益分析

一、经济效益

以本章第四节典型案例为例，按照总养殖面积（40亩）折算，缢

蛏共收获 3.3 万千克，平均壳长 61 毫米，规格 65 个/千克，平均价格
25 元/千克，产值 82.5 万元；第一茬凡纳滨对虾共收获 1.15 万千克，
规格 62 尾/千克，平均价格 32 元/千克，产值 36.8 万元；第二茬凡纳
滨对虾共收获 8 352 千克，规格 76 尾/千克，平均价格 28 元/千克，产
值 23.4 万元。缢蛏和对虾总产值 142.7 万元。成本总计 77.8 万元（塘
租 12 万元、管理人工费 18 万元、虾蛏采捕人工费 8 万元、对虾饵料费
8.7 万元、蛏苗费 3.6 万元、第一茬虾苗费 6.5 万元、第二茬虾苗费
5.5 万元、菌剂肥料费 11 万元、电费 4.5 万元），总净利润达 64.9 万
元，平均每亩利润达 1.6 万元，经济效益显著。

二、生态效益

该模式不仅经济效益明显，生态环境效益也十分突出。从图 6-3 可
见，缢蛏养殖塘氨氮、亚硝酸氮、硝酸氮含量始终低于凡纳滨对虾养殖
塘，而且在绝大部分时间内，缢蛏养殖塘内氮磷含量均低于 2019 年农业
农村部颁发的《海水养殖尾水排放标准（征求意见稿）》中对应的指标。
这说明该养殖模式对水体溶解性氮磷营养盐有显著的固定作用。

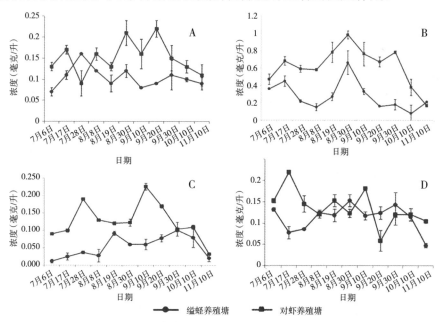

图 6-3 虾贝级联式养殖系统中溶解性氮磷含量比较
A. 氨氮含量比较 B. 硝酸盐含量比较 C. 亚硝酸盐含量比较 D. 磷酸盐含量比较

多营养层次综合养殖技术模式

三、社会效益

如何有效解决水产养殖快速发展与养殖环境日益恶化、水产品产量迅速增长与质量安全隐患日趋突出之间的矛盾，达到水产养殖产业发展与养殖生态环境保护并举及养殖面积、产量与品质稳步提升的高度协调，是我国水产养殖产业亟须解决的重大课题。滩涂贝类围塘级联式高产健康养殖模式可大幅降低海水池塘氮磷等营养物质排放量，控制污染物产生量，保证养殖尾水达到国家排放标准；同时有望大大提高养殖池塘利润，使滩涂贝类围塘养殖系统向生态化、绿色化、高效化转型，社会效益显著，有很强的示范推广价值。

第二篇
淡水养殖

第七章

池塘分级序批养殖模式

第一节 模式介绍

一、模式概述

传统池塘养殖一般春季放养鱼种，秋冬季收获，往往会造成水产品集中上市，产品供过于求，价格低迷，养殖效益低下。而在每年的春夏季节则经常出现市场无鱼可买，"鱼价暴涨"的情况，水产品供给难以实现均衡上市。在一些地区，虽然采取轮捕轮放的方式，但由于在高密度养殖情况下鱼类应激影响大，养殖风险高，养殖效果并不好。为此，笔者针对大宗淡水鱼池塘轮捕轮放高密度养殖存在的养殖生物相互影响大、生态效率低、连续生产可控性差以及设施化程度低、净化能力不足和排污效果差等问题，研究构建了集分级、集污、排污、净化等功能的分级序批式养殖生产系统，该养殖系统可满足不同规格、品种的养殖要求和工业化养殖管理需要，同时可实现高效养殖、富营养物质资源化利用，是一种具有高度设施化、机械化、自动化的高能效池塘养殖系统。

二、构建工艺

序批式池塘养殖系统适合养殖团头鲂、草鱼和凡纳滨对虾等品种，可在池塘内改建或在陆地建设。在池塘内改建时，其分级养殖池区约占水面的20%。分级养殖池区一般采用2种结构的多排鱼池组成，每排由3种规格的鱼池组成1个养殖单元。每个单元由三级养殖池组成，第一级养殖池为方形切角结构，第二、三级养殖池为矩形结构。第一级养殖池为高位池结构，坡度1%～3%，中部插管溢水，池底有排污口，排污口上安装涡轮式集污装置,排污口通过管道与吸污装置相通,定时将鱼池中的污物集中排放到排水渠中,再集中处理利用或排放。第二、三级养殖池为长方形结构,池底向排水口倾斜,坡度 1‰～3‰,上进水、底排污,排污由敷设在池塘底部的 PVC 穿孔横管和连接的溢水插管组成,溢水插管从鱼池连通至排水渠内,穿孔横管的开孔向下,孔径为 1 厘米,开孔面积总数为所述穿孔横管截面积的 1.4 倍。分级养殖池区的每个养殖单元分别有独立的进排水管路,各个养殖单元共用溢排水区,溢排水自流向池塘。

在每个单元的养殖池之间的共用墙体对接线方向上设有分级过鱼闸门,可定期通过拦网筛分不同规格的鱼类,实现自动分级、序批式养殖。分级序批养殖单元的面积比为 1∶3.5∶7。池塘的其余水面作为净化区,一般可设置 1～2 个具有分布和引导水流作用的分水墙。为了提高净化效果,也在净化区建设分隔网,用于放置浮水植物等(图 7-1)。

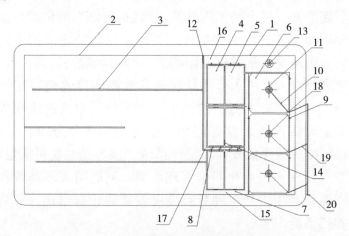

图 7-1　序批式池塘养殖系统结构图

1. 流水养殖池区　2. 滤杂食性鱼类养殖区　3. 导流墙　4. 第三级养殖池　5. 第二级养殖池　6. 第一级养殖池　7. 进水口　8. 集污出水装置　9. 排水管　10. 排污管　11. 集污口　12. 水轮机　13. 涌浪扰动机　14. 过鱼闸门　15. 进水通道　16. 出水通道　17. 排水渠　18. 排污插口　19. 提污管　20. 集污排污管

三、配套设备及运行

分级养殖鱼池的进水采取低扬程轴流泵或水轮机进水,一般安装 1～3 台低扬程大流量轴流泵或连体式水轮机,根据水流需要调整运行台数，带动整个池塘水体流动和循环。根据养殖需求分别通过调节闸门隔水板调整不同鱼池的水流方向、流态、流速等。

第一级养殖池内安装充气导流管，与风机相通，通过曝气增加池塘水体溶解氧的同时使池塘水体形成旋流，有利于集污。曝气风机一般用3.5千瓦罗茨风机。为了提高集污和增氧效果，也可在成鱼池内安装1台涌浪机。

第二、三级养殖池内安装曝气盘等增氧装置，气源来自岸上的罗茨风机。养殖池上一般安装数字化管控、往复运行、交替投料的移动式自动投饲装置，满足高密度鱼类养殖的需要。

养殖生产过程中应按照养殖计划，分级配养鱼种。根据养殖投喂计划自动投喂。按照排污情况，设置排污频率。第二、三级养殖池的污物随溢排水管道进入池塘水体，并得到净化。第一级养殖池的污物经过集污、过滤、发酵等处理后再利用。

池塘净化区可设置1~3个导流墙，放养一定数量的滤杂食性鱼类和虾等。

四、养殖运行与管理

（一）鱼种要求

以团头鲂序批式池塘养殖为例，按照成鱼养殖密度可按20千克/米^{3}计算，鱼种养殖密度按10千克/米^{3}计算。在江浙地区，3月初放养鱼种，第一级养殖池按照40尾/米^{3}密度放养规格为200克/尾的团头鲂鱼种，第二级养殖池按照45尾/米^{3}密度放养规格为100克/尾的团头鲂鱼种，第三级养殖池按照50尾/米^{3}密度放养规格为50克/尾的团头鲂鱼种。每批次养殖周期为120天，上市规格0.6~0.75千克/尾。选用团头鲂专饲料，按照饲料系数1.8~2.0设计投饲计划，投饲时间0.5~1.5小时。一般投喂半小时后，电脑控制自动排污0.5~1分钟。

（二）序批养殖步骤

一般在每年的3月上旬按照投放标准分别在第一级养殖池、第二级养殖池和第三级养殖池投放鱼种。7月下旬，捕捞达到规格要求的第一级养殖池内的鱼类上市，同时将第二级养殖池内的鱼种移入第一级养殖池，将第三级养殖池内的鱼种移入第二级养殖池。9月下旬，再捕捞

达到规格要求的第一级养殖池的鱼类上市，同时打开一、二、三级鱼池的过鱼闸门，使各级养殖池相通，11月中旬，将各级养殖池内的鱼类全部捕捞上市，清理上述分级养殖单元。在翌年的3月上旬，重复以上步骤，实现序批养殖。

（三）水质管理

分级养殖单元的日换水量一般控制在 $100\%\sim250\%$，水体溶解氧≥3.5毫克/升，总悬浮物<10毫克/升。另外，在池塘净化区水体中放养团头鲂乌仔或凡纳滨对虾苗和罗氏沼虾苗，团头鲂鱼苗的放养密度不高于 8 尾/米^3，凡纳滨对虾和罗氏沼虾苗的放养密度不高于 20 尾/米^3。日常管理主要注意提水、曝气设备的维护与管理，以保障稳定运行，出现问题及时更换或修复。另外，第一级养殖池应及时排污，尽量减少养殖排泄物溶入水体中。

第二节　技术和模式发展现状

中国是世界上最早开展池塘养殖的国家，我国的"桑基渔业""蔗基渔业"等生态模式和"八字精养法"等养殖方式和技术为世界水产养殖发展做出了巨大的贡献。池塘养殖是我国水产养殖的主要形式和水产品供应的主要来源，在保障国家食品安全方面发挥着重要的作用。由于传统池塘养殖设施简陋，其养殖效率、资源利用率等普遍较低，池塘养殖一直处于粗放状态。据调查，目前池塘养殖每生产1千克鱼需要耗水 3~13.4 米^3。江浙地区的大宗淡水鱼养殖池塘每年总悬浮固体、化学需氧量、总氮、总磷的直接排放量可分别达 2 280 千克/公顷、200千克/公顷、100 千克/公顷和 5.0 千克/公顷。20世纪90年代以来，随着水产养殖病害的不断发生，人们开始重视养殖环境生态问题，生态高效养殖成为池塘发展的目标。为了实现这一目标，国内外开展了大量的关于池塘养殖生态工程新模式的研究，一些新模式应运而生，如对池塘封闭式综合养殖模式、多池循环水对虾养殖系统、渔-稻共作、复合人工湿地-池塘养殖系统、池塘生态工程化循环水养殖系统、分隔池塘养殖系统、跑道式池塘养殖系统等。以上池塘养殖模式取得了一定的效果，促进了池塘养殖的发展，但在实际应用中也暴露出了一些问题。

第三节　技术和模式关键要素

（1）池塘系统中养殖滤食性鱼类的区域面积可适当调整，但一般不能低于70％，否则在应用中不能很好地实现内循环，影响养殖水环境的调控效果；同时吃食性鱼类养殖区的面积对设施设备构建成本投入、系统运行稳定性等均有一定的影响。

（2）在吃食性鱼类养殖区的养殖池必须严格按要求放养不同规格的鱼类，要求规格大的鱼种一般越大越好；同时对不同规格要求养殖池内的具体养殖投饲技术要有明确区分，否则会对阶段性的养殖容量、总产量以及不同池内鱼类的养殖周期和序批上市时间产生影响，达不到"增收不增量"的效果。

（3）在系统运行中需要严格按照要求操作，尤其是定时排污，否则将直接影响养殖效果。

第四节　典型案例

在中国水产科学研究院池塘生态工程研究中心（上海松江）的试验池塘利用该技术模式进行了系统构建和团头鲂的养殖运行试验。

一、构建工艺

试验池塘长100米，宽50米，在池塘靠进水口区域构建980米^2（占池塘面积19.6％）的流水养殖区，其余水面为滤杂食性鱼类养殖区。流水养殖区内吃食性鱼类养殖池面积924米^2，分为3排，每排分别包括1个小规格鱼种养殖池（14米×6米）、1个矩形大规格鱼种养殖池（14米×6米）和1个切角方形成鱼养殖池（14米×14米），每排鱼池由3种不同规格的鱼池组成一个养殖单元，三个养殖单元面积比为1∶1∶3.5，在每一个养殖单元中两个养殖池的分隔墙上装有过鱼闸门，用于将不同规格的鱼筛分到相应的养殖池中。

相邻养殖池之间都是互通的，最终集中在切角方形养殖池集中排污。切角方形养殖池底部为中间低、周围高的锅底形，从中心到周围的坡度为1％，池底部有集污装置，侧面有吸污装置，池面安装涌浪

机，将池内比重较大的污物搜集到池底中央，通过集污装置和吸污装置排出养殖池外集中处理；而水体中比重较小的粪便、残饵等上浮到水体中，随水流进入滤杂食性养殖区，以保障吃食鱼类养殖区的水质，并为滤杂食性鱼类提供天然饵料转化的营养源，有效提高池塘的养殖生态效果。

养殖池塘通过工程化改造后，将滤杂食性养殖区的水体提升到吃食性鱼类养殖区，经过吃食性鱼类养殖区的生态沟渠过滤后，再通过过水堰返回到滤杂食性鱼类养殖区，形成序批式循环水养殖系统（图7-2、图7-3）。

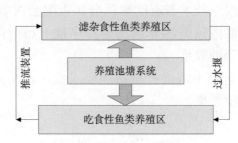

图 7-2　系统工艺图

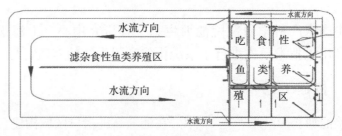

图 7-3　系统布置图

二、养殖工艺

吃食性鱼类养殖区可分为养殖一区（前端3个大池）、养殖二区（中间一排小池）、养殖三区（末端一排小池）。养殖一区放养规格为200克/尾及以上的鱼种，养殖二区放养规格为125～150克/尾的鱼种，养殖三区放养规格为50～75克/尾的鱼种。大规格鱼种按照15 000尾/公顷放养，中规格鱼种按照7 500尾/公顷放养，小规格鱼种按照22 500尾/公顷放养；放养的鱼种必须是1龄团头鲂鱼种，不可放养2龄及以上的鱼种。在实践生产中，1龄团头鲂鱼种的养成规格一般在

104

50～200 克/尾，有条件的话，养殖一区放养的鱼种越大越好，而养殖三区由于放养数量多，则鱼种规格宜小不宜大。

养殖一区的鱼养至 6 月底 7 月初达到 0.5 千克左右的规格上市，为第一茬养殖；然后把养殖二区的鱼赶入养殖一区，养殖二区和养殖三区的闸门打开合并为一个养殖区，开始第二茬养殖。养至 8 月底 9 月初，从养殖二区赶入养殖一区的鱼长至 0.6 千克左右的上市规格，第二茬养殖结束；然后把三个养殖区的闸门全部打开合并为一个大养殖区，开始第三茬养殖。直至年底养成 0.75 千克左右的上市规格，至此，整个序批式养殖周期结束。

三、养殖效果

该系统以团头鲂作为养殖对象进行试验，从 3 月底开始养殖，至 11 月底完成全部起捕，结束整个养殖周期。根据统计结果（表 7-1），团头鲂总产量为 12 606 千克，平均产量超过 27 000 千克/公顷，滤杂食性鱼类产量也将近 2 250 千克/公顷。

表 7-1　产量统计表

种类	放养量（尾）	收获量（千克）	收获规格（千克/尾）	成活率（%）
第一茬团头鲂	7 000	3 221.0	0.50	92
第二茬团头鲂	3 500	2 159.5	0.65	95
第三茬团头鲂	14 000	7 225.5	0.60	86
鲢	700	768	1.10	100
鳙	350	260.5	0.75	99

由于前期在养殖三区中单位密度过高，且考虑到单位水体承载力问题还需要控制投饲来限制其阶段性生长速度，故而第三茬团头鲂的成活率相对低点，且规格没有达到预期的 0.75 千克/尾左右，但总的产量在池塘养殖中还是较为可观的。鲢、鳙由于放养在净化区中，相对传统池塘其水中浮游动植物和饲料残饵等较少，故而生长情况相对差点，但就产量而言并不低。

四、水质状况

根据表 7-2，总氮和亚硝态氮能够稳定在一个相对较低的范围内，总氮的质量浓度均没有超过淡水排放标准中的总氮值，亚硝酸盐的平均值在0.2毫克/升以内；总磷和氨氮值前期较高，但系统运行一段时间后，通过系统内的水处理设施能够马上控制下去。

表7-2　水质监测表

日期	总氮 （毫克/升）	总磷 （毫克/升）	氨氮 （毫克/升）	亚硝氮 （毫克/升）	硝氮 （毫克/升）	化学需氧量 （毫克/升）
5月	1.6	5	1.52	0.072	0.65	37
6月	1.3	5.82	1.07	0.078	0.512	68
7月	3.3	6.41	1.2	0.358	1.7	169
8月	2.6	5.17	0.78	0.188	1.3	31
9月	2.2	3.85	0.63	0.224	1.3	33
10月	2.7	1.93	0.19	0.105	—	29

五、系统模式经济性

序批式集约化养殖系统可以使商品鱼错季分批上市，一般传统池塘养殖团头鲂在10—11月集中上市，近两年来的塘口价在10元/千克左右。序批式养殖方式中，有26%的鱼在7月初上市，均价在14元/千克左右；有17%的鱼在8月底上市，均价在12元/千克左右；剩余的鱼在11月上市。从效果看（表7-3），采用序批式养殖方式可保障有一半的养殖鱼类错开了集中上市期，在相同养殖产量下平均提高了14%左右的直接经济收益。

表7-3　售价对比表

类型	7月产值	8月产值	11月产值	总产值
序批式养殖	45 094元	25 914元	72 255元	143 263元
一般模式养殖	—	—	126 060元	126 060元

六、其他收益

（1）一般池塘养殖平均每个月排水换水20%～30%，该系统每个月仅需补充5%以内的蒸发水。

（2）一般池塘养殖一个周期内需要泼洒4～6次的水体消毒类制剂和杀寄生虫类制剂，该系统在正常运行条件下则不需要。

（3）系统内有 30% 的面积种植了水生植物，有生态效益和美观效益；同时 15% 的面积种植的是可食用水生植物，平均每平方米水面有 3～6 千克的产量，附加了额外的经济效益。

（4）系统通过定点定时的日常管理，尤其是投饲管理，提高了饲料利用率，减少了投饲浪费率，从而间接降低了投饲系数和养殖污染输出量。

（5）系统模式也降低了日常的人工投入，尤其是拉网起捕时的劳力成本。面积 0.5 公顷的池塘一般拉网一次需 10 人工作半小时，该系统只需 4～6 人工作 10～15 分钟。

第五节　经济、生态及社会效益分析

一、经济效益

经过 3 年的养殖试验显示，团头鲂分级序批养殖系统按全部水体计算的平均产量超过 33 750 千克/公顷，滤杂食性鱼类产量 2 250 千克/公顷，大大高于传统池塘养殖产量，同时由于均衡上市，养殖效益也明显高于传统池塘养殖方式。

二、生态效益

该系统通过分级序批的技术模式可有效控制养殖容量，减少饲料残饵、鱼类代谢物等的沉积量，减少养殖废弃物排放量并降低水处理压力，有效提高饲料利用效率，改善养殖水体环境，降低病害等发生风险，减少渔药等的投入，具有显著的生态效益。

三、社会效益

分级序批养殖具有养殖容量适宜，养殖风险小、生态效率高、养殖效益高等显著特点。在目前池塘养殖迈向标准化、设施化、机械化、智能化，和多营养层级复合、精细化生态高效养殖的情势下，池塘分级序批养殖模式应有巨大的市场前景，该池塘养殖新方式的出现为池塘养殖"调结构、转方式"健康可持续发展提供了新途径，相信随着相关技术逐步成熟，将会有效地引领池塘养殖方式的转变。

第八章

华南草鱼多级养殖模式

第一节 模式介绍

　　草鱼，在华南又称鲩，隶属鲤形目、鲤科、草鱼属，是我国"四大家鱼"之一。草鱼具有生长快、产量高、适应力强的特点，是我国重要淡水养殖鱼类。2018年，我国草鱼产量为550.43万吨（《2019中国渔业统计年鉴》），占淡水养殖产量的18.60%。长期以来，草鱼出口量、内销量与价格相对稳定，其养殖业对推动饲料、加工、运输、贸易等相关行业的发展，促进乡村振兴战略的顺利实施具有重要意义。

　　华南地区是我国重要的草鱼养殖区域。2018年，华南地区（广东、广西、海南）草鱼养殖产量占全国草鱼养殖产量的21.73%。华南地区草鱼养殖历史悠久，劳动人民在长期的养殖生产活动中摸索出多种养殖模式，根据养殖场所可分为池塘养殖、湖泊养殖和水库养殖等模式；根据养殖品种结构可分为单养、混养和套养等模式；根据投喂饲料和方式可分为种青养鱼、脆肉鲩、瘦身鲩等特色养殖模式。近年来，随着养殖技术水平的提高，已有养殖模式均朝高密度、集约化方向发展，养殖系统内部的废物负荷增加、养殖风险倍增。已有的传统养殖模式依靠大量换水、使用化学药品等方式维持生产，大量换水对自然环境造成巨大压力，化学药品的使用则会导致养殖产品存在安全隐患，不符合现代渔业发展要求。

　　为了保证草鱼养殖业健康可持续发展，中国水产科学研究院珠江水产研究所与中山市华辰水产养殖场展开合作，基于"生态系统水平的水产养殖"理念，采用生态系统管理方法，研发了一种草鱼多级养殖模式，已在华南地区逐渐推广应用。该模式是在普通池塘养殖模式基础上，分批套养不同规格的草鱼、鲫和鳙，结合水质指标、摄食情况和养殖周期等参数确定池塘养殖容量，采用轮捕轮放调控载鱼量，实现养殖生产与生态环保平衡发展。目前，该模式已实现连续 4 年零换水零排放，年产量约 6 000 千克/亩的效果，是一种"资源节约、环境友好、高效生产"的减排高效养殖模式。

第二节　技术和模式发展现状

一、草鱼生物学特征

（一）形态特征

草鱼体长而扁圆。体背部青褐（带黄）色，体侧、腹部呈银白色，胸鳍、腹鳍略带灰黄色，其他各鳍呈浅灰色。头部稍平扁，眼较小。口呈弧形，上颌略长于下颌，无须。尾部侧扁。

（二）生活习性

草鱼性情活泼，游泳迅速，常栖息于平原地区的江河湖泊，一般喜居于水的中下层和近岸多水草区域。常成群觅食。在干流或湖泊的深水处越冬。

（三）年龄与生长

草鱼是"四大家鱼"中生长最快的一种。体长增长最迅速的时期为 1～2 龄，体重增长最迅速的时期则为 2～3 龄。当 4 龄鱼达性成熟后，体长、体重增长就显著减慢。1 冬龄鱼体长约 340 毫米，体重约 750 克；2 冬龄鱼体长约 600 毫米，体重约 3.5 千克；3 冬龄鱼体重约 5 千克，4 冬龄鱼体重约 7 千克，5 冬龄鱼体重约 7.5 千克，少数草鱼可达 40 千克甚至更重。

（四）食性

草鱼为典型的草食性鱼类，主食水生或陆生植物，尤以禾本科植物为多。草鱼幼鱼期摄食各种幼虫、藻类等。10 厘米以上时，基本完全摄食水生高等植物，偶尔也少量摄食昆虫等动物性饵料，如蚯蚓、蜻蜓等。在养殖条件下，多摄食配合饲料。

（五）繁殖习性

草鱼具有河湖生殖洄游习性。性成熟年龄为 4 冬龄左右，成熟个体体重3～4.5 千克。相对怀卵量为80～110 粒/克，绝对怀卵量为 94 万～

150 万粒。繁殖季节在 4—7 月。经强化培育，每年可成熟和催产 2～3 次。

二、人工繁殖

（一）亲鱼选择

与传统养殖模式一致，选择种质和体质良好的合格亲鱼是该模式草鱼人工繁殖的基础条件之一。所谓体质良好，即鱼体壮实，体色正常，鳞片完整，无伤、无病的个体。未达性成熟的个体作为后备亲鱼，成熟个体作为当年生产用亲鱼。一般来说，雌亲鱼要求 5 冬龄以上、体重 4 千克以上，雄亲鱼要求 4 冬龄以上、体重 5 千克以上。在选择亲鱼时，还应注意雌雄搭配，一般雄体略多于雌体。

在草鱼人工繁殖过程中，雌雄亲鱼可以依靠表型特征来进行初步选择，雄性草鱼鳍条较粗大而狭长，自然张开呈尖刀形；在生殖季节性腺发育良好时，胸鳍内侧及鳃盖上排列有很密的称为"珠星"的细粒状突起，手摸有粗糙感觉。成熟较好的雄亲鱼距生殖孔一指处发软，生殖孔略呈紫色，可用手轻压后腹部，有浓稠乳白色的精液流出，且入水即散。成熟雌鱼的选择可进行外形观察和挖卵观察，雌性草鱼胸鳍鳍条较细短，自然张开略呈扇形，一般无追星，或在胸鳍末梢只有少量突起，手摸无粗糙感。通过外形观察，可见雌鱼腹部膨大有弹性，卵巢轮廓明显，生殖孔松弛，腹部向上，体侧有卵巢块状下垂的轮廓，腹部中间呈凹瘪状，用手拍其腹侧，有松软的感觉，腹侧下方鳞片的排列有松张的现象。通过挖卵观察，若卵粒整齐、大而饱满、核偏位则表明亲鱼成熟较好。

（二）亲鱼培育

1. 亲鱼培育池

华南地区可以进行春秋二季的繁殖。该模式亲鱼培育池面积以 4～8 亩为宜。位置处于催产池附近，排水方便，环境安静。水深保持在 1.5～2 米，透明度保持在 30 厘米左右。培育池定期休整，清除淤泥，放养前用生石灰清塘。

2. 放养密度

每亩池塘放养亲鱼 150～200 千克。雌雄比例为 1∶1 或 1∶1.25。为了充分利用饵料和调节水质，在以草鱼亲鱼主养的前提下，还可混养鲢或鳙亲鱼。

3. 饲料

草鱼亲鱼采用精饲料与青饲料搭配饲养，根据不同季节和发育阶段有所侧重。夏秋培育以投喂青饲料为主，辅助投喂精饲料；冬季培育时可选晴天投喂少量的精饲料和青饲料；春季培育以投喂青饲料为主，辅以少量精饲料。产后1个月的培育期，根据亲鱼体质恢复情况，适量投喂麦芽、稻谷芽或嫩草。各时期投喂量以傍晚时当日投喂的饲料全部吃完为准。

4. 水质

亲鱼培育期间，注意水质调节，保持水体"肥、活、嫩、爽"。通过勤增氧、施用微生物制剂等手段改良水质。在产前1个月，定期冲水促进性腺发育，可每周注水1次；产前1周，隔天注水1次。每次注水使池水加深15～20厘米。

（三）催产孵化操作

1. 设施准备

在孵化生产进行前，充分做好各方面的准备工作，包括生产技术培训、人员定岗、各种物料准备、机械设备及孵化设施的试运转等。

2. 日常管理

加强产前培育，保证亲本性腺发育良好。产前培育应以青饲料投喂为主，并辅以有利性腺发育的谷芽、麦芽等。产前1个月内，应定期冲水刺激性腺成熟，孵化前半个月要拉网观察亲鱼状况、分选亲鱼。催产时，进行亲鱼拉网、挑选、运转等过程的操作要细心，不得使亲鱼受到惊吓和损伤。

3. 催产时间

催产时间的选定，要结合亲鱼性腺发育状况、池塘水温、有效积温情况、季节及天气因素而定，确保催产孵化成功率，提高鱼苗质量及成活率。催产时间的主要决定因素是水温。草鱼人工繁殖的可行温度为18～31℃，适宜温度为22～28℃，最适温度为24～26℃。具体催产时间需要根据草鱼的各项生理指标综合判定。亲鱼培育后期，随着性腺渐进成熟，草鱼食量即开始递减，此时可通过观察草鱼粪便形状初步断定适合繁殖的时间，再结合对亲鱼的观察、挖卵鉴别，就能基本确定繁殖时机，草鱼在产卵前会发生粪便一般由大到小、由长形到椭圆形、由松散到结实等一系列变化，变化末期，即为草鱼的适合催产时间。此外，雌鱼卵巢轮廓明显、腹部柔软有弹性、腹部向上时腹中线下凹；雄鱼轻压腹部有少量白色精液流出，可判断为已成熟。亲鱼性腺达到成熟，如不适时催产，性腺就会退化，因此一定要抓准催产期。

4. 催产剂

合理使用催产剂，草鱼催产剂主要有促黄体生成素释放激素类似物（LRH-A）、多巴胺拮抗剂（DOM）等。可根据亲鱼的性别、体重、发育状况及历年催产经验配制合理剂量，进行催产。通常，雄鱼注射催产剂为一次注射。雌鱼可分为一次注射和二次注射，目前多采用二次注射法，因为二次注射法第一针有催熟的作用，其产卵率、产卵量和受精率都较高，亲鱼发情时间较一致，特别适用于早期催产或亲鱼成熟度不够的情况催产。采用二次注射时，第一次注射约总量 10% 的催产剂，6～24 小时后再注射余下的全部剂量，水温越低或亲鱼成熟度越差，注射第二针的间隔时间越长。

催产剂用生理盐水溶解制成悬浊液后，注入鱼体，按注射部位分体腔注射和肌肉注射两种。体腔注射又分为胸腔注射和腹腔注射两种方式，其中胸腔注射是在鱼胸鳍基部的无鳞凹陷处，针头朝鱼体前方与体轴呈 45°～60° 夹角刺入，深度约 1 厘米，不宜过深，否则会伤及内脏；而腹腔注射是在腹鳍基部注射，注射角度为 30°～45°，深度 1～2 厘米。肌肉注射一般在背鳍下方肌肉丰满处，用针顺着鳞片向前刺入肌肉 1～2 厘米进行注射。

5. 产卵受精

产卵受精的方法有两种：自然产卵受精和人工授精。自然产卵受精是在亲鱼注射催产药物之前，首先要在产卵池设置好鱼巢，注射催产剂后将雌、雄鱼按 1：（1～1.5）的比例放入产卵池中。在效应时间未到达之前，用一定量流水刺激亲鱼，在效应时间到达时将流水改为微流水状态，让其自然产卵、排精，在产卵池中完成整个受精过程。

人工授精主要采用干法授精。干法人工授精是将普通脸盆擦干，然后用毛巾将捕起的亲鱼和鱼夹上的水擦干，将鱼卵挤入盆中，并马上挤入雄鱼的精液，然后用力顺一个方向晃动脸盆，使精卵混匀，让其充分受精。然后用量筒量出一定体积的受精卵，加入清水，移入孵化环道或孵化桶中孵化。

选择人工授精还是自然产卵受精主要根据产卵池的设计、人手配备、种鱼性别比例、水温等具体情况而定。如产卵池集卵不便或雄鱼较少，宜采用人工授精。

6. 孵化管理

孵化水质和水温及水流适宜，溶解氧充足，严防出现死角，并滤除大型浮游动物，如枝角类和桡足类等敌害。及时洗刷滤网，以防逸苗。

7. 出苗

观察鱼苗的发育过程，把握适宜出苗时期，及时出苗。鱼苗在孵化设备内培育达到平游期后，应及时出苗。进行池塘培育，鱼苗下塘前适量投喂 1 次蛋黄浆，提高鱼苗下塘成活率。

三、苗种培育

虽然在华南地区亲鱼每年成熟只有 2 次（春季和秋季），但是华南地区可以通过水温调节延长繁殖期，同时通过饲料投喂控制和密度控制，可以确保周年提供适宜规格的种苗，为华南地区的多级养殖提供种苗基础。

（一）池塘条件

该模式苗种培育池塘面积以 3～4 亩为宜，池深 1.2～2 米。池形呈东西走向，环境安静，四周无高大树木及建筑物，便于鱼池采光、通风。堤坝牢固，池底平坦，保持淤泥 10～20 厘米深，土质为壤土或沙壤土。池塘的保水、保肥性要好，便于拉网操作。池塘水源要稳定可靠，进排水方便。电力、排灌机械等基础设施配套齐全。

（二）放苗前准备

采用干法清塘，每亩用生石灰 75 千克、漂白粉 4～5 千克，或茶麸50 千克（1 米水深）。生石灰可调节池水 pH，同时杀灭病原生物。视池塘底质情况，用发酵腐熟好的有机肥料（每亩 150～200 千克），一次施足基肥，全池撒均匀，少量堆放在池塘浅水区。

（三）放养培育

该模式中草鱼的苗种培育多在每年的 3 月下旬至 7 月进行，其生长情况见表 8-1 和图 8-1。可以看出，草鱼从水花养殖至大规格苗种（16～20 尾/千克）所需时间为 85～98 天。初始时期，在苗种培育池中放养草鱼水花苗，按 50 万尾/亩的密度进行放养，经 20～25 天培育（成活率一般为 40%～60%，平均成活率为 45% 左右），每亩可生产 6～8 厘米苗种 20 万～30 万尾，此时要及时分疏，进行中间培育。中间培育阶段按 5 万～7 万尾/亩放养密度，经 30～33 天培育，苗种生长至11～13 厘米，此时注射草鱼疫苗，以提高苗种的抗病能力。按 2 万～3 万尾/亩放养密度继续养殖，经 35～40 天，可培育出 16～20 尾/千克的大规格种苗。

在苗种培育周期中，可综合利用育苗资源，分批次培育草鱼种苗，提高种苗产量。若每年进行 4 批次草鱼种苗，则 50 亩苗种培育池塘经85～98 天可生产规格为 16～20 尾/千克的草鱼苗种 400 万～600 万尾，可供 500 亩池塘进行商品鱼养殖。

表 8-1 华南地区草鱼苗种的生长情况

放养规格	放养密度（万尾/亩）	养殖时间（天）	养成规格	饲料蛋白水平
水花	50	20～25	6～8 厘米	前期浮游动物为主，后期投喂饲料含蛋白为 30%
6～8 厘米	5～7	30～33	11～13 厘米	30%
11～13 厘米	2～3	35～40	16～20 尾/千克	30%

第三节 技术和模式关键要素

一、鱼种规格选择依据

华南地区 3—11 月（水温 23～35℃）在一定养殖密度下，不同规格的草鱼生长数据见表 8-2。可以看出，在池塘中放养规格 16～20 尾/千克的草鱼苗种，放养密度 1.20 万尾/亩，投喂蛋白为 30% 的饲料，养殖 33～40 天后规格可达 0.15 千克/尾。0.15 千克/尾的草鱼，放养密度 0.50 万尾/亩，投喂蛋白为 28% 的饲料，养殖 30～35 天，养成规格可达 0.25～0.35 千克/尾；0.25～0.35 千克/尾的草鱼再次注射疫苗后，放养密度0.20 万尾/亩，投喂蛋白为 28% 的饲料，养殖 30～33 天，养成规格可达0.6 千克/尾；0.6 千克/尾的草鱼，放养密度为 0.12 万尾/亩，投喂蛋白为28% 的饲料，养殖 35～40 天，养成规格可达 1.0 千克/尾，此时已达商品

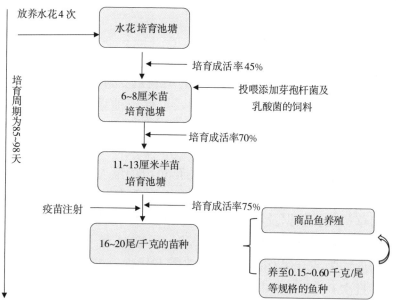

图 8-1　池塘培育草鱼水花生长周期及成活率

鱼规格,多数草鱼在此阶段上市。但也有部分产业因特殊需求,如亲鱼培育、脆肉鲩、瘦身鲩等,继续养殖 1.0 千克/尾的草鱼,此时放养密度一般为 0.06 万尾/亩,投喂蛋白为 26％的饲料,养殖 50～55 天后,规格可达 1.5～2.0 千克/尾。此规格草鱼若降低密度至 0.03 万尾/亩,投喂蛋白为 26％的饲料,养殖 85～95 天后,规格可达 3.5～5.0 千克/尾。从中可以看出,草鱼规格为 0.25～1.00 千克/尾时生长速度快,因此,草鱼多级套养模式中初次放养和后续补充的草鱼规格多在此范围。

表 8-2　华南地区不同规格草鱼的生长情况 (3—11 月)

放养规格	放养密度 (万尾/亩)	养殖时间 (天)	养成规格	投喂饲料蛋白 (％)
16～20 尾/千克	1.20	33～40	0.15 千克/尾	30
0.15 千克/尾	0.50	30～35	0.25～0.35 千克/尾	28
0.25～0.35 千克/尾	0.20	30～33	0.6 千克/尾	28
0.6 千克/尾	0.12	35～40	1.0 千克/尾	28
1.0 千克/尾	0.06	50～55	1.5～2.0 千克/尾	26
1.5～2.0 千克/尾	0.03	85～95	3.5～5.0 千克/尾	26

注:在苗种培育至 0.25～0.35 千克/尾时,再次注射疫苗。

二、养殖流程

草鱼多级套养模式成鱼养殖池塘面积 10 亩，水深 1.8~2.2 米，平均 2.0 米，每口池塘配备 1.5 千瓦的增氧机 6 台，其中叶轮式增氧机 4 台，位于池塘中央并按正方形排列，以保证池塘全面充氧；水车式增氧机 2 台，位于池塘对角，以促进池塘水体流动。同时，每口池塘配备自动投料机 1 台。

目前，华南地区 1.0 千克/尾的草鱼市场量大，又称"超市鲩"。因此，草鱼多级套养模式收获规格定为 1.0 千克/尾。根据华南地区不同规格的草鱼生长数据及市场需求，该模式将两种规格的草鱼放在同一池塘内套养，规格分别为 0.25~0.35 千克/尾和 0.65~0.70 千克/尾，放养密度均为 800 尾/亩。每年可放养 6 批次 0.25~0.35 千克/尾的草鱼和 1 批次 0.65~0.70 千克/尾的草鱼，生产 6 批次 1.0 千克/尾的草鱼商品鱼。同时，为了综合利用池塘投入资源，降低富营养化，提高养殖效益，草鱼多级套养模式池塘中放养底栖性鱼类——鲫（规格为 0.05 千克/尾，放养密度为 800 尾/亩），以摄食池塘底部的营养物质；放养滤食性鱼类——鳙（规格为 0.4~0.5 千克/尾，放养密度为 165 尾/亩），以摄食池塘浮游生物（表 8-3）。鳙每年可捕捞 3 批次，捕捞时捕大留小，捕捞完后补充相同数量的鳙。鲫每年可捕捞 1~3 批次，捕捞时捕大留小，捕捞完后补充相同数量的鲫。

表 8-3　草鱼多级套养模式

鱼类	放养规格 （千克/尾）	每年放养数量 （尾/亩）	轮捕周期 （天）	捕捞 方式	收获规格 （千克/尾）	备注
草鱼	0.25~0.35	800 尾/次× 6 次＝4 800 尾	35~50	捕大留小	1.0	捕捞收获的尾数与再次放养一致，每年可放养 6 批次
	0.60~0.70	800 尾				每年放养 1 批次
鳙	0.4~0.5	165 尾	80~100	捕大留小	1.5	捕捞收获的尾数与再次放养一致（55 尾），每年可放养 3 批次
鲫	0.05	800 尾	100~250	捕大留小	0.4	年底收获 1~3 次

三、单位水体鱼载量的确定

针对传统养殖模式前期不能充分利用养殖容量、后期易超负荷的问题。草鱼多级套养模式在传统草鱼养殖经验的基础上，以日投喂量为评价指标，结合水质指标、生长速度和养殖周期等参数，在池塘高密度养殖情况下，确定1 500千克/亩为该模式的鱼载量，超过此量则进行捕捞（图8-2、图8-3）。

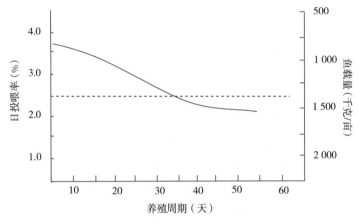

图 8-2　草鱼多级套养池塘鱼载量与日投喂率、生长周期的关系
实线为日投喂率，虚线为鱼载量

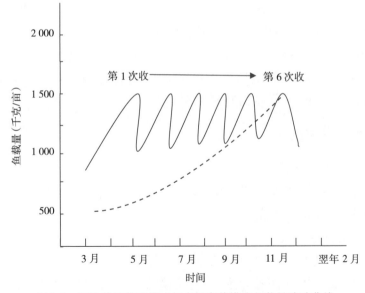

图 8-3　草鱼传统养殖模式与多级套养模式鱼载量波动曲线
实线为多级套养模式鱼载量，虚线为传统养殖模式鱼载量

四、养殖投喂

草鱼多级套养模式以投喂配合饲料为主。投喂要科学，根据水质条件、天气状况和鱼的摄食情况进行调整。遵循定时、定量、定质、定点投喂原则。每日投喂 2 次。为提高饲料利用效率，投喂前在饲料中添加枯草芽孢杆菌，剂量为 200 克/吨（饲料），日投喂率为鱼体重的 2.2%～3.0%。此外，每 3～5 天在饲料中添加乳酸菌，每吨饲料添加 200 克。

五、轮捕轮放

养殖过程中，池塘底泥中积累大量的残饵、粪便、凋亡藻类等。已有研究表明，池塘养殖 30～45 天时，沉积物-水界面的离子交换受阻。因此，草鱼多级套养模式利用草鱼最佳的快速生长阶段（体重为 0.25～1.0 千克/尾时期），结合沉积物-水界面离子交换规律，以 35～50 天为一个养殖周期，每年生产 6 批次 1.0 千克/尾的草鱼。在此过程中，共拉网 12 次（每收获 1 批次鱼需拉网 2 次）进行收获，定期搅动池塘底部 0～10 厘米的沉积物，促进沉积物再悬浮，将池塘沉积物中亚硝酸盐氮等搅至上覆水，与上覆水中较高的溶解氧反应生成硝酸盐，被水体中的微生物、浮游植物等利用，再被浮游动物利用，进而为鲢提供饵料。同时，沉积物再次沉淀，部分被底栖生物利用，进而被鲫摄食利用，提高了营养物质利用率。

六、病害防控

（一）人工防疫

为降低水产养殖用药量，草鱼多级套养模式病害防控多采取人工防疫手段，即接种疫苗。

1. 注射免疫法

（1）免疫准备　疫苗免疫前要做好准备工作，包括以下几个方面。

①免疫时机　在冬末春初气温较低时适宜注射疫苗。夏季高温鱼病易发时不适宜注射疫苗。通常选择在天气晴朗、水温适宜的早晨进行鱼体免疫。

②水环境　注射前须按常规法取养殖池塘水样，检测水体盐度、

溶解氧、氨氮、亚硝酸盐等理化因子，并结合经验性水色观察，判断水质质量，在确保水质正常时再进行免疫。

③鱼体 在进行免疫前，确认鱼体健康。随机抽样 3～5 尾鱼，观察体表、摄食是否正常，显微镜检查寄生虫情况。免疫前需停饲 1 天。

④器具 首先要选择型号合适的连续注射器。采用腹腔注射时，防止扎针太深伤及鱼体内脏，可在注射针头上套一小截塑料管或剪短针头，暴露出的针尖长度略长于鱼体腹肌厚度。其次使用时须用 75％ 的酒精消毒或用开水煮沸 15～20 分钟消毒。

（2）注射免疫操作

①药液配伍和用量 1 瓶"草鱼出血病冻干苗"可免疫 500 尾鱼，用于草鱼出血病的预防。也可用 1 瓶"草鱼出血病冻干苗"配 1 瓶 100 毫升"草鱼细菌联苗"，用于预防草鱼出血病和主要细菌病。注射时，250 克以下鱼种每条注射 0.2 毫升；250 克以上鱼种每条注射 0.3 毫升。

②注射部位 一般采用肌肉注射和腹腔注射。肌肉注射选背鳍基部，与鱼体呈 30°～40°，向头部方向进针，进针深度约为 0.3 厘米，根据鱼体大小以不伤及脊椎骨为度。如技术熟练，用腹腔注射或胸腔注射，将针头沿腹鳍内侧基部斜向胸鳍方向进入，与鱼体呈 30°～40°，向头部方向进针。

③注意事项 整个操作过程要轻、快、稳，尽量减少鱼体的损伤，密切注意鱼的稳定状态，如出现异常，应及时采取早期安全防护处理。注射疫苗后最好用鱼菌清、二氧化氯等消毒剂消毒水体，预防细菌感染伤口。在注射过程中需将疫苗瓶遮光放置，忌曝晒。疫苗一旦开瓶后，就要马上使用，而且要当天用完。当天开瓶但没用完的药液、用完的瓶、纸箱、泡沫箱等废弃物要做无害化处理，以免造成环境污染。

（3）注射免疫后管理 注射后必须加强日常养殖管理工作，检测水质的理化因子，确保水质良好，同时观察受免鱼的摄食情况，投喂新鲜的优质饲料，在免疫后的 1～2 周，每日投喂 1 次复合维生素，添加维生素 C。

2. 浸泡免疫法

浸泡免疫接种方法，可方便生产操作，降低劳动强度，减少操作对鱼体的刺激，提高生产效率。浸泡法使用方便，浸泡接种试验鱼相对保护率为 62％～66％。

（1）苗种选择和准备　检测方法同注射免疫法。在批量免疫处理前，对鱼进行安全性测试。随机抽样 20～50 尾鱼进行试验，在疫苗产品说明书规定的疫苗使用浓度、鱼苗密度并充氧等条件下，观察在规定的浸泡时间内是否出现异常反应。

（2）浸泡免疫操作　将疫苗用清洁自来水稀释 100 倍，每 1 升疫苗原液可分批浸泡鱼种 100 千克，浸泡 15 分钟，同时用增氧泵增氧。必要时，在使用过程中添加佐剂，可提高效果。浸泡免疫减少了注射操作对鱼体的刺激，因此后期的养殖管理相对注射免疫法简单，只需注意保持常规生产操作的科学规范即可。

（二）病害防治

若疫苗免疫失败，养殖期间发病，则按照对应的疾病防治方法采取措施。

第四节　典型案例

于广州市中心沟水产养殖有限公司和中山市民众镇华辰水产养殖场进行草鱼普通养殖和多级套养模式的对比试验，养殖效益分析结果如下。

草鱼传统养殖方式和多级套养模式的年产量见表 8-4。传统养殖模式净产量为 1 594 千克/亩。通过多级套养方式，采取捕大留小的养殖操作，年净产量为 3 918 千克/亩。对养殖效益进行分析表明（表 8-5），采用多级套养模式时，池塘养殖效益为 4 350 元，比传统养殖模式提升 289.09%，可有效提高池塘养殖单位产出率。

表 8-4　不同养殖模式产量对比

品种	传统养殖		多级套养模式	
	年产量（千克/亩）	净产量（千克/亩）	年产量（千克/亩）	净产量（千克/亩）
草鱼	1 726	1 426	5 436	3 476
鳙	108	92	245	170
鲫	93	76	312	272
合计	1 927	1 594	5 993	3 918

表 8-5　2019 年不同养殖模式效益对比

| | 年投入（元/亩） | | 年收入（元/亩） | | 年利润（元/亩） | |
	传统养殖	多级套养	传统养殖	多级套养	传统养殖	多级套养
草鱼	3 400	23 184	16 569	51 642		
鳙	96	975	1 296	2 940		
鲫	360	1 520	1 209	4 680		
饲料	10 500	23 780				
租金	2 000	2 000				
人工	700	700			1 118	4 350
电费	400	1 627				
药物	300	526				
其他	200	600				
合计	17 956	54 912	19 074	59 262		

注：（1）传统养殖、多级套养饲料系数分别为 2.3、1.8；
（2）药物包括清塘药、消毒（杀虫）剂及调水剂等。

第五节　经济、生态及社会效益分析

通过以上的养殖操纵，以摄食量、水质情况及生长情况为指标，采用轮捕轮放及套养技术，草鱼高产养殖池塘可不用换水，每月仅需补充蒸发水（20～30 厘米，平均 24 厘米），按池塘水深 2.0 米计算，每年总用水量约为 3 253 米³，可养殖产量为 5 993 千克/亩，净产量为 3 918 千克/亩，每生产 1 千克鱼需水 0.83 米³；传统养殖方式不定期换水，年总用水量约为 4 933 米³，每生产 1 千克鱼需水 3.03 米³（表 8-6）。草鱼多级套养方式比传统养殖方式单位产量养殖用水量下降了 72.6%。

表 8-6　不同养殖模式单位水产品产量（每千克）用水情况对比

	传统养殖方式	多级套养模式
总用水量（米³）	4 933	3 253
单位产量用水（米³）	3.03	0.83

注：传统养殖方式总用水量为养殖试验结果。

综上，草鱼多级套养模式充分利用草鱼生长特性及市场需求，在传统集约化池塘养殖的基础上结合轮捕轮放即可实现高产、零换水的效果，具有良好的推广前景。

第九章

池塘种青养鱼生态健康养殖模式

第一节　模式介绍

种青养鱼是指在养鱼水体及其周围种植各种青饲料、绿肥，利用其作为养殖鱼类的饲料或肥料，结合人工配合饲料进行投喂的生态养殖技术。此种模式中的"青"指的是青草、蔬菜、作物等绿色植物，"鱼"主要指的是草鱼等草食性鱼类。该模式主养草鱼等草食性鱼类，充分利用了天然饵料的生态性和商品饲料的高效性，在保障鱼类较快生长的商业基础上，用青饲料代替部分商品饲料以提升鱼体免疫力和鱼肉品质，并节约了养殖成本，提升了池塘养殖的综合效益。

现代种青养鱼模式依据池塘生态学规律，利用工程化技术改造传统池塘，装备现代化养殖设施，结合水环境处理技术和生态饲养技术，实现了资源高效循环利用、绿色生产、品质提升的水产绿色养殖目标，已经发展成经济效益、环境效应和养殖品质兼顾统一的生态养殖模式。

一、模式概述

种青养鱼的池塘也称作"草基鱼塘"，可看作是"基塘农业"的一个组成部分。我国传统"基塘农业"始于明清时代，是在养鱼池塘四周堤基上种植不同的经济作物，如果树、桑树、甘蔗、饲料植物、蔬菜、花卉等。草基鱼塘是在鱼池周围种植草类植物如苏丹草、黑麦草等绿色植物，这些植物可直接以青饲料的形式作为草鱼等养殖鱼类的饵料，同时通过淹青沤肥的形式将青草等作为肥料培植水生生物，改善水体环境并提供部分饵料。

草鱼（*Ctenopharyngodon idellus*）是我国主要的养殖鱼类，近年

的年均养殖产量超过 500 万吨，既是中国也是世界上养殖产量最高的经济鱼类。草鱼作为大宗淡水鱼的代表，稳定了我国居民优质动物蛋白的供应。为了进一步提高草鱼养殖的综合效益，通过青饲料替代部分商品饲料降低饲料成本，工程化改造池塘改善养殖环境并降低劳动力成本，天然饵料与商品饲料混合投喂提升鱼肉品质的技术手段，池塘种草养鱼从开始的在堤梗上种草，逐渐发展到在池坎与池塘中央池底以及水面架设的生态浮床上均可进行种植绿色植物来进行养鱼的"回"形池生态养殖模式（彩图 15）。

1. 池塘基础改造

一般情况下，在年底清塘清淤时，在池塘底部沿着池塘边缘开挖回沟，改造成"回"形的池底（回沟），回沟深 1 米左右，面积占池塘总面积的 40%～50%。回沟的主要用途是在年底或年初放养鱼种，池底中央平滩主要是在年底清塘后种植青饲料，作为翌年春季草鱼鱼种的开口饵料。

2. 池塘植物栽种

大多数地区可选择黑麦草、苏丹草、苜蓿等植物品种。黑麦草一般在 8 月下旬到 11 月播种，苏丹草可在 3 月下旬到 6 月上旬播种，紫花苜蓿在春、夏、秋三季均可播种。栽种品种和数量要综合考虑成鱼产量、草食性鱼类的比例、青饲料饵料系数等因素，合理确定种植面积，并根据不同草的生长需求做好田间管理工作。同时，在 5—10 月，也可通过在水面上架设生态浮床并在其上栽种水蕹菜（俗称空心菜、竹叶菜）等蔬菜，用于调节水质和增加蔬菜销售的经济收入。

3. 养殖鱼类放养

此种模式的主养品种是草鱼等草食性鱼类，草食性鱼类的放养量一般占到总鱼种的 65%～70%，可搭配鲢、鳙、黄颡鱼、鲫等鱼类。草鱼、鲢、鳙等鱼种的适宜放养时间为 1—3 月，黄颡鱼等其他搭配品种的放养时间可在 4—5 月。

4. 饲养投喂管理

一般来说，春季青饲料以黑麦草为主，一般可割 3～4 次。5 月之后以苏丹草和紫花苜蓿为主，可割 8～10 次，通过反复割长，基本可满足 5—10 月生长季节的青饲料需求。9 月以后苏丹草等逐渐衰竭，可种植小白菜等作为青饲料补充。青饲料一般应在 08:00—09:00 投喂，投

喂量应以在 16：00—17：00 吃完为宜。5 月之前，投喂以青饲料为主，少量补充人工配合饲料，每天投喂配合饲料 1 次，投饵率不高于鱼种体重 1％；6—8 月，增加配合饲料投喂量，日投喂率为体重 2％～3％，每天投喂 2～3 次；9—10 月，配合饲料投喂率约为 1％，每天投喂 1～2 次。每日投喂量应该根据当天的气候、水质、鱼的食欲等情况而定。在投喂养殖过程中还要特别注重水质管理，要始终保持水质清新，控制水体透明度在 30 厘米左右；淹青期要注意防止水质恶化，每天巡塘，视天气及鱼类活动情况适时开启增氧机等。

二、技术原理

种青养鱼模式遵循草鱼的生态习性和养殖鱼类池塘生态位的特点。种青养鱼模式就是建造"回"形养殖池塘，将在池塘中间的平滩和旁边的池埂上种植的黑麦草、苏丹草、小白菜等植物作为天然饵料，并搭配一定比例的鲢、鳙、青鱼、鲫、黄颡鱼等苗种，辅以投喂人工配合饲料。种青养鱼的技术原理介绍如下。

1. 充分利用太阳能量

通过联合投喂商品配合饲料和青饲料，促进了鱼类的生长。其中一部分鱼产品的能量是由太阳能的能量流动转换来的，池塘种植的绿色植物利用太阳能通过光合作用生产出大量青饲料。青饲料可作为草鱼等养殖鱼类的饲料，也可通过淹青沤肥的方式作为池塘肥料培养鱼类的天然饵料。种青池塘平均亩产青饲料 0.5 万～1.5 万千克，每 25～50 千克青饲料可产 1 千克鲜鱼。饲草对太阳能的利用率为 0.83％，鱼对饲料能的转化率为 7.3％，与人工饲料作为鱼饲料相比，单位面积草地的产鱼量是人工饲料的 1.6 倍。鱼对饲料中氮、磷、钾的转化率分别为 16.8％、32.3％和 2.0％。

2. 充分利用营养源转化

利用稳定性同位素技术研究了湖北洪湖地区种青养鱼模式的物质归趋特点，分析了"青饲料＋人工配合饲料"与"人工配合饲料"两种投喂方式下的池塘食物网结构以及不同食物来源对主要草鱼食物贡献率。以草鱼为水体消费者，对人工配合饲料、颗粒有机物（POM）、沉积物有机质（SOM）、黑麦草及苏丹草等几种池塘成分进行食物来源贡献率计算。研究结果表明，"青饲料＋人工配合饲料"

投喂方式下，A塘的人工饲料、黑麦草与苏丹草对草鱼的贡献率分别为43.0％、21.7％和21.9％，B塘的人工饲料、黑麦草与苏丹草对草鱼的贡献率分别为60.3％、5.0％和17.4％（图9-1）；而在单纯的人工配合饲料投喂的池塘中，人工配合饲料对草鱼的直接贡献是57.8％（图9-1）。此外，在"青饲料＋人工配合饲料"投喂方式下，沉积物中有机质对草鱼的贡献率相对较低，而在单纯的人工配合饲料投喂的池塘中沉积物中有机质对草鱼的贡献达到30.0％（图9-1）。其主要原因是在投喂人工饲料时，将会有相当一部分人工配合饲料溶解、沉积到底泥中，现场所采集的沉积物中也含有大量的未利用的残饵，因此在单纯的人工配合饲料投喂的池塘中，沉积物中有机质对草鱼产生了较大的贡献。

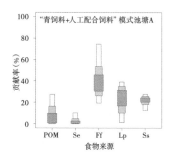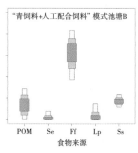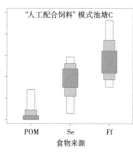

图9-1　两种不同投喂模式池塘各食物来源对草鱼生长的贡献率

种青养鱼池塘（"青饲料＋人工配合饲料"投喂）：池塘A和池塘B

普通精养池塘（"人工配合饲料"投喂）：池塘C

POM. 颗粒有机物　Se. 沉积物　Ff. 人工配合饲料　Lp. 黑麦草　Ss. 苏丹草

基于稳定性同位素混合模型分析的人工投入品（人工饲料和青饲料）对池塘食物网组分的贡献比例表明，养殖鱼类的主要营养来源与投喂饲料密切相关。在"青草饲料＋人工配合饲料"混合投喂的池塘中，主养草鱼80％以上的能量均来源于人工饲料、黑麦草与苏丹草；而在"人工配合饲料"养殖池塘中，投入人工配合饲料直接贡献率为57.8％，大量残饵沉降于水体底部。此外，两种不同投喂方式的A、B和C池塘中溶解性活性磷（PO_4^{3-}-P）含量分别为（0.17±0.15）毫克/升、（0.18±0.07）毫克/升、（0.44±0.18）毫克/升，人工配合饲料投喂的C池塘中溶解性活性磷水平显著高于A、B池塘（$P<0.05$）。同时，A、B和C池塘中总磷（TP）含量分别为（0.33±0.08）毫克/升、（0.51±0.13）毫克/升、（0.97±0.49）毫克/升，单一人工饲料

投喂 C 池塘的总磷含量亦显著高于 A、B 池塘（$P<0.05$）。因此，种青养殖模式所采用的"青草饲料＋人工配合饲料"混合投喂方式，不仅能减少因饲料浪费而导致的水体磷含量升高，还能提高人工投入品的营养转化率。从物质循环和营养转化效率角度证明种青养鱼是一种绿色生态的健康养殖模式。

3. 充分改善池塘水环境

全程投喂人工配合饲料池塘的"三态氮"、活性磷、总磷总体上要高于人工配合饲料与青草饲料混合投喂的种青养鱼池塘。一方面是由于单一投喂人工配合饲料使得饲料的残饵较多，且在水体中不需要微生物的参与便能溶入水体，直接向水体释放氮、磷等营养元素，而氮元素的直接释放加快了硝化细菌的硝化作用，从而使得水体的亚硝态氮、硝态氮、氨氮含量高于人工配合饲料与青草饲料混合投喂塘。另一方面由于水体理化状况的改变，导致水质状况不佳，且鱼类易发病，然而人为地泼洒草石灰，或其他改善水质的试剂，会进一步增加营养元素污染。

4. 充分改善鱼体健康水平

该模式养殖的草鱼含有 19 种脂肪酸，其中棕榈酸、花生四烯酸（ARA）、亚油酸（LA）、油酸、二十二碳六烯酸（DHA）和硬脂酸的含量较高；鱼肉具有系水力强、脂肪含量较低、胶原蛋白丰富的特点。种青养鱼模式能够增强草鱼肌肉的抗应激能力和抗氧化能力，从而改善草鱼的鱼体健康状况和鱼肉品质。

三、特点与优势

种青养鱼是利用生物互生互养的原理，建立起田塘生态系统。在该模式的养殖过程中，通过生态健康饲养、品种合理搭配和水质生态修复来保持鱼体健康，减少鱼病发生和渔药使用量，提高养殖鱼类的品质。种青养鱼具有以下特点与优势。

1. 降低饲料成本，节省人力成本

种青通过光合作用将太阳能就地转化为动物蛋白质，其养鱼成本比常规养鱼节约饲料成本 30%～40%。种青充分吸收利用"回"形池淤泥矿物养分，从而改良土壤。同时利用池埂种草，易于浇水，就地投喂，减少人力成本。池底种青，不需将底泥挖出来，节约劳力。

2. 利用鱼塘池底和鱼塘休闲时间

池塘养鱼产鱼时间一般在 3 月底至 10 月底，空闲时间从 10 月底至翌年 3 月底为期约 5 个月，在此期间种植青饲料。池底面积大小与养鱼水面面积一样，是十分理想的种植区域，种植青饲料有利于增加鱼产量。

3. 改善池塘底质，利用池底肥力

投喂的饵料主要是青草饲料，减少了人工配合饲料的投喂量，降低了人工配合饲料形成的氮、磷等营养元素在水中和底泥中的沉积；植物根系的生长也使池底淤泥充以空气，促进泥中有机物的矿化分解，改善池塘底质。养鱼池底泥的肥力大，种植青饲料不必再施肥，既节约成本，又有利于池塘底质的改良。

4. 减少鱼病发生，提升营养品质

用青草饲料投喂草鱼，易于草鱼消化吸收，可减少草鱼脂肪肝、肠炎等病害的发生，从而减少渔药的投入，保障了水产品的质量安全。草鱼饵料以青草饲料为主，养成的草鱼形体美、口感好、营养丰富、符合人体健康需求，广受消费者青睐。

5. 生态健康养殖，既节能又减排

在种青养鱼过程中不施或少施化肥和农药，实现养殖与生态环境友好；同时充分利用由于池塘养殖造成的二氧化碳排放，促进碳元素参与营养循环，减少碳排放。

第二节　技术和模式发展现状

一、种青养鱼模式养殖情况

种青养鱼模式因地域差异和生产方式的不同而表现多样。在长江中下游流域，种青养鱼的养殖模式主要以黑麦草、小米草和苏丹草等作为草鱼饵料，养殖的主要区域有湖北、浙江、广东、新疆等地区。目前，常见的种青养鱼模式有普通种青养鱼模式和"回"形池种青养鱼模式。

1. 普通种青养鱼模式

一般在 1—2 月放苗，大草鱼 1 千克/尾，110 尾/亩；小草鱼 0.05 千克/尾，400～500 尾/亩；鲫 0.05 千克/尾，250～300 尾/亩。7—8

月销售 2.5 千克以上草鱼，年底销售 3.5 千克以上草鱼，亩产 1 000 千克；每年 3—5 月以草料为主，10 月开始投喂小麦。

2. "回"形池种青养鱼模式

养殖池塘为"回"形池，每年 10 月底干塘起捕，清塘消毒处理后于春节前后在"回"形池四周深水区投放苗种。翌年 3 月在"回"形池中间平滩和池埂种植黑麦草或小米草，4 月底 5 月初青草长成，鱼池加水至部分淹没青草以便草鱼自由上滩吃草；6 月在池埂种植苏丹草，通过反复割长，可基本满足每年 3—10 月草鱼对青饲料的需求。草鱼的养殖以青饲料和人工配合饲料联合投喂为主。

目前，种青养鱼模式已经成为我国草鱼主要的养殖模式，在长江中下游区域、珠江流域以及新疆地区得到了广泛的推广，形成了很多地区绿色水产养殖的特色品牌模式。

二、种青养鱼模式研发进展

我国的池塘种青养鱼经历了三个主要的发展阶段。

一是 20 世纪 80 年代，在湖北、浙江、广东等省份出现了普通种青养鱼模式，池塘一般为普通土池塘，投喂以青饲料为主，草鱼生长速度慢，产量不高，很难超过 600 千克/亩。

二是 20 世纪末，在长期的池塘种青养鱼的实践基础上，在投喂青饲料的同时引入人工配合饲料，养殖产量有了显著提升，草鱼产量可达到 800 千克/亩。池塘也逐步改造成"回"形池，节约了人工成本，养殖过程中不施或少施化肥农药，具有较好的经济和生态效益。

三是 2015 年前后，"回"形池种青养鱼开始引入标准化养殖技术和智能化设备，逐步向智能化的阶段过渡，形成了"水上种植，水下养鱼"的复合农业生产的特点。第一，针对种青养鱼的养殖特点，优化池塘标准化工程改造技术，区划成鱼池塘和苗种培育池塘的功能单元，形成种青养鱼的养殖池塘改造标准。第二，集成池塘环境生态设施与装备构建技术，集成养殖环境调控技术及养殖装备的高效应用技术，规划和改造池塘饲草种植及投喂管理，实现底泥资源化利用和养殖用水的循环利用，构建生态循环型养殖系统和信息化监控系统。第三，集成苗种健康培育、饲料精准投喂与饲草生态投喂结合、鱼病生态防控的养殖技术，构建优良品种、良好工艺、优质饲料、高效装备等互为前提、相互融合的生态模式化种青养鱼的规程化良好养殖技术。第四，研究了种青养殖模式的池塘食物网结构以及养殖模式对鱼产品质量和水环境的影响，阐释了池塘物质循环流动的规律，并明确了该种模式下的草鱼肌肉营养特性，运用转录组、蛋白质组和代谢组的多组学联合研究分析了该种模式下草鱼的健康水平。第五，制定了种青养鱼的全程技术与操作规程，建立经营模式与生态效应评价系统，示范推广环境友好、品质优良、质量安全的"种青养鱼"绿色养殖模式。

第三节 技术和模式关键要素

一、养殖池塘设计与构建

1. 池塘建设

（1）选择池塘要求 池塘规格一般为 40~60 亩，要求水源充足，排灌方便，水源水质良好。土质为壤土，保水，无渗漏。

（2）"回"形沟建设规格 沿池埂内侧开挖"回"形沟，沟宽 15~20米，沟底部低于池底 0.8~1 米。池埂坡比 1：（2~3），池埂顶宽 8~10 米。

（3）"回"形池占比 鱼池平台面积占鱼池面积的 40%~60%，"回"形沟面积占鱼池水面的 40%~50%，平台以上蓄水深 1.5 米，总体深 2.0 米（图 9-2）。

2. 池塘维护

（1）维护设施建设 有独立的进、排水设施，进、排水口在池塘长边两端呈对角设置。安装 20 目聚乙烯网片制成的拦鱼栅，防止鱼种外逃和敌害生物随水流进入。

（2）增氧设备配置 每个池塘需配备 2~4 台增氧设备，一般为叶

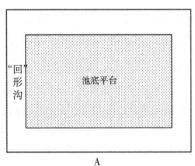

A

图 9-2　"回"形池塘结构示意图

A. 平面图　B. 剖面图

轮式增氧机或喷灌式洒水增氧设备。

二、青饲料种植与管理

1. 青饲料种植

种青种类主要有黑麦草、苏丹草、小米草以及紫花苜蓿等（彩图16）。每年12月在"回"形池中间平滩和池埂种植黑麦草或翌年2—3月种植小米草。3月初青草长成，鱼池加水至部分淹没青草以便草鱼自由上滩吃草。5月在池埂种植苏丹草，通过反复割长，可基本满足每年3—10月草鱼对青饲料的需求。9月底苏丹草逐渐衰竭，可在8—9月种植小白菜作为补充。

（1）池底平台种青　在年底平台半干半湿时，每亩按2千克左右，均匀撒播黑麦草或在2—3月播种小米草。种子先在水中浸泡1～2天，待池底及池埂整平后，进行均匀撒播。

（2）池梗种青　播种前进行池埂平整，施足底肥。黑麦草每亩播种2～2.5千克、苏丹草每亩播种3.5～4千克。行距26～30厘米，条播为好。播种前晒种4～5天，可提高发芽率。最好安排好茬口地块和播种间隔时间，每隔3～4天播种一批。

2. 青饲料管理

要根据不同草的生长需求，做好青饲料田间管理。

（1）除草　幼苗细弱，不耐杂草，出苗后要及时中耕除草。

（2）淹青　3月至4月上旬，保持池塘"回"形沟中的水位略低于池底平台，4月下旬开始逐渐加深水位，至5月上旬使池底平台水深达到0.5～1米，逐步将池底植株淹没，便于草鱼自由吃草。

（3）刈割利用　黑麦草长至高40～50厘米时，可开始第一次刈割，以后每隔20天左右刈割1次。每次刈割时留茬5～6厘米。春播可刈青

1～2 次，鲜草每亩产量 2 000～4 000 千克；秋播较早时，入冬前可刈青 1 次，翌年盛夏前可刈青 2～3 次，每亩总产量 8 000～10 000 千克。小米草植株长至 60～80 厘米时可以刈青。刈青时注意留茬 10～15 厘米，保证植株再生，全年可刈青 3～4 次。苏丹草株高 70～100 厘米时开始刈割，刈割时留茬 5～7 厘米。可割 8～10 次（彩图 17）。

（4）适期追肥　通常施环沟淤泥追肥，苗期追肥 2 次，每次尿素用量为 5 千克/亩。每次刈割后及时追施，一般每亩用尿素 7.5～10 千克。

（5）浇水　天气炎热时每 3 天浇 1 次水，池埂种植的在每次刈割施肥后及时浇水，使土壤湿润，以便使肥料及时发挥作用。

（6）防虫　黑麦草和小米草在生长过程中无需喷施农药，仅苏丹草生长过程中需少量喷洒高效低毒药物防治蚜虫。药物使用应符合相关规定。喷施药物后一周内禁止割草喂鱼。

三、养殖鱼类的放养

1. 清塘

每年冬季，池塘干池后清除过多的淤泥，重点清除"回"形沟内的淤泥，淤泥深度控制在 15 厘米以内。淤泥转运至池埂斜坡及顶部。池底平台底泥厚度保持 0.2～0.3 米。一般清淤后曝晒即可达到清塘效果，亦可在池塘排水清淤后，"回"形沟留水 10 厘米，用生石灰 200～250 毫克/升或漂白粉 20 毫克/升带水清塘，杀灭和清除池塘中的凶猛鱼类、敌害生物及病原体。

2. 苗种放养

放养的苗种须经检疫，且无病、无伤、体质健壮。

（1）苗种投放比例　以草鱼等草食性鱼类为主要品种，其放养量一般占总体苗种放养量的 65%～70%，同时，可以搭配放养鲢、鳙、黄颡鱼、鲫等鱼类。

（2）苗种投放时间　草鱼、鲢、鳙、团头鲂、青鱼等苗种的适宜放养时间为 1—3 月；鲫、黄颡鱼等其他搭配品种放养时间为 4—5 月（表 9-1）。

（3）苗种投放方法　投放鱼种前，用 3%～4% 的食盐水浸浴 5～15 分钟，预防原生动物疾病和水霉病。投放时，先将鱼种放养在"回"形沟中，养到 4 月底后逐步加深池水。

表 9-1 苗种放养模式

品　种	规　格（克/尾）	放养量（尾/亩）	放养时间（月）
放养模式一			
青鱼	1 000～1 500	1～5	1—3
草鱼	150～250	200～250	1—3
鲢	60～80	150～180	1—3
鳙	80～100	60～80	1—3
鲫	25～30	250～300	1—3
团头鲂	50～70	180～230	1—3
黄颡鱼	25～50	100～150	1—3
放养模式二			
青鱼	40～60	120～150	1—3
	50～70	4～6	1—3
草鱼	25～50	20～40	1—3
	900～1 100	100～120	1—3
鲢	100～200	30～50	1—3
	500～1 000	20～40	1—3
鳙	100～200	30～50	1—3
	750～1 000	20～40	1—3
鲫	40～60	120～150	1—3
团头鲂	50～70	4～6	1—3
黄颡鱼	25～50	20～40	1—3

四、养殖管理

1. 饲料投喂

（1）青饲料投喂　投喂时间为 08：00—09：00，在 4—9 月鱼类旺长期，日投草量应占草鱼实际总重量的 30%～50%，同时应根据气候、池塘水质、鱼的摄食等情况而定，投喂量以在 16：00—17：00 吃完为宜。投喂时一定要保持青饲料新鲜，不投老化的茎叶和变质的陈草。吃剩的草应于当日傍晚捞出，以免腐烂影响水质（彩图 18）。

（2）颗粒饲料投喂　投喂鱼用膨化配合饲料，5 月之前，饵料以青饲料为主，少量补充配合饲料，每天投喂 1 次，投饵率低于 1%；6—8月补充投喂配合饲料，日投饵率为 2%～3%，每天投喂 2～3 次；9—10 月配合饲料日投饵率为 1%，每天投喂 1～2 次。投喂的饲料符合NY 5072 的规定，可以设置自动投饵机进行饲料投喂。

2. 水质调控

放养初期，池塘水位应保持与平台持平或略低；随后每隔 5～7 天加水 1 次，每次加注新水 10～15 厘米，至 6 月中旬达到最高水位。夏季高温季节，池塘保持最高水位。日常生产中要始终保持池水水质清新，控制水体透明度在 30～40 厘米。根据水质的检测结果，每年平均换水 1～2 次。

淹青期要注意防止水质恶化，每天巡塘，视天气及鱼活动情况适时开启增氧机，晴天中午开，浮头及时开，连绵阴雨天气半夜开（阴天清晨开）；高温季节的中午坚持开机 2～3 小时。

3. 鱼病防治

注重以"预防为主、防治结合"的原则。坚持"三看"，即看季节、看天气和看鱼活动情况。定期在食场周围用漂白粉等药物挂篓、挂袋预防鱼病。每天坚持巡塘 2～3 次，注意观察鱼类摄食、活动、生长情况以及池水变化情况，一旦出现问题应立即采取措施。

4. 捕捞上市

7—8 月捕捞达到上市规格的成鱼（草鱼 1.5 千克，鲢、鳙 0.75 千克以上），以调节鱼池密度，促进后期生长。到 10 月底，将池水排至"回"形沟内，"回"形沟中的成鱼则在春节前后捕捞上市。

第四节　典型案例

在湖北省，池塘种青养鱼生态健康养殖模式因其显著的经济、社会和生态效益，而得到大力推广。其中国家大宗淡水鱼产业技术体系"池塘种青养鱼绿色高效养殖模式"核心示范点位于湖北省洪湖市大沙湖农场，承担单位为湖北共潮生科技股份有限公司（彩图 19）。核心示范点已建设 1 000 亩种青养鱼综合试验基地，并投入使用。示范点集成池塘环境生态设施与装备构建技术，通过"回"形池工程化池塘改造，使用青饲料和人工配合饲料混合投喂，形成"水上种植，水下养鱼"的立体循环的草鱼生态养殖方式。该模式减少了约 20% 人工配合饲料的投喂，池塘种青充分利用了水体和底泥中的富营养化物质，提升了养殖的生态效益。混合投喂提升了鱼肉品质，减少了草鱼的疾病发生及渔药使用频率和使用量，保障了水产品质量安全。

根据种青养鱼的养殖方式，制定了核心示范点的养殖技术规程《大宗淡水鱼产业技术体系核心示范点良好操作规程：种青养鱼模式良好操作规程》。示范点形成了种青养鱼模式的良好操作规程，实行标准化、生态化生产，改变传统养殖的低效模式，构建了"体系技术＋合作社＋渔民＋品牌销售"产供销模式，草鱼养殖效益在 2 000 元/亩左右，带动农户脱贫致富，助力精准脱贫、乡村振兴。

一、生产方式

湖北省洪湖市大沙湖农场养殖户实施"回"形池种青养鱼时，以种植的青草如黑麦草、小米草和苏丹草等为主要青饲料，辅以人工配合饲料；放养苗种以草鱼为主，混养鲢、鳙、鲫、鳊和黄颡鱼等其他鱼类；配置自动投饵机、增氧机和抽水机，租赁使用吊鱼机和挖掘机械。通过化学改底（如硫酸氢钾）和生物改底（包括微生物制剂和菌种）进行底质改良，通过加注新水、增氧、泼洒生石灰、培植水生植物及有益藻类和混养鲢、鳙及微生态制剂调节水质。

10 月在"回"形池中间的平滩和池埂上种植黑麦草，到翌年 3 月初，黑麦草长成，将"回"形池加水至部分淹没青草，草鱼可以自由地上滩吃草。翌年 3 月至 4 月初，在池底种植小米草，在池埂种植苏丹草，根据小米草的长势，不断加高水位以便草鱼获得更大的活动空间。池埂上种植的黑麦草，可刈割抛入鱼池喂鱼，经过反复割长，基本可满足 4—10 月草鱼的青饲料需求。因 9 月种植的苏丹草逐渐衰败，养殖户在 8—9 月种植一些小白菜作为补充。鱼苗在 3 月初直接投放到"回"形池塘中，一亩投放鱼苗 75 千克左右。

二、发展成效

以一个 50 亩的"回"形池种青养鱼池塘为例，养殖成本与收益（2019 年）见表 9-2。养殖成本主要包括苗种、渔药、电费、饲料、草籽种、清淤、人工和租金等，亩均成本为 5 360 元。鱼种包括草鱼、鲢、鳙、鲫和鳊等，均价为 3 600 元/吨，蛋白质含量为 30%；租金每年固定，价格为 200 元/亩；人工费包括了雇佣工人拉网、割草等费用。

养殖收益主要来自销售收入，2019 年的总产量为 43 000 千克，其中草鱼产量 25 000 千克左右，鲫产量 4 000 千克左右，鲢产量 9 000 千克，鳙产量2 000千克，鳊产量2 000 千克，其他鱼产量1 000千克，该池塘的销售总收入为 368 800 元。扣去养殖成本268 000元，总利润为100 800 元，亩均利润为 2 016 元（表9-2）。

表9-2　2019年"回"形池种青养鱼成本与收益

项目（以一年为核算周期）		"回"形池种青养鱼模式（元）（50 亩）	亩均值（元）
成本明细	草鱼苗种	5 000（4 元/千克、2.5 万尾/亩、50 克/尾）	100
	鲢、鳙苗种	15 600（12 元/千克、1.3 万尾/亩、100 克/尾）	312
	其他苗种	19 400	388
	渔药	5 000	100
	电费	5 000	100
	饲料	180 000（1 吨/亩、3 600 元/吨）	3 600
	小麦	800（4 千克/亩、10 元/千克）	16
	人工	20 000	400
	草籽种	2 000	40
	清淤	5 000	100
	有机肥	200	4
	租金	10 000	200
总支出		268 000	5 360
收入明细	草鱼	240 000（500 千克/亩、9.6 元/千克）	4 800
	鲫	44 000（80 千克/亩、11 元/千克）	880
	其他鱼	84 800（280 千克/亩、6 元/千克）	1 696
总销售收入		368 800	7 376
纯利润		100 800	2 016

注：数据来源于湖北省洪湖市共潮生核心示范点。

三、草鱼品质综合评价

综合性分析种青养鱼模式对养殖草鱼生长、代谢、运动机能和免疫等方面的影响，及其转录、蛋白、代谢水平在相应生理功能上的改变，发现种青养殖的草鱼形体更修长，背部更亮，肌肉硬度增加，肌

肉纤维的直径明显较小。投喂天然草料，可以增强鱼体的抗应激能力和肌肉抗氧化能力（尤其脂肪酸β-氧化），减轻因长期人工饲料投喂而造成的胰岛素抵抗和相关的细胞凋亡等负面影响。用天然草料喂养草鱼，能提升鱼肉中的有益脂类及碳水化合物成分的相对含量，还可以明显改善鱼肉中脂肪酸组成和比例，降低肌肉中脂肪的积累和甘油三酯水平，以满足消费者对优质、安全、健康水产品的需求。

与人工配方鱼饲料相比，天然草料是更好的膳食纤维、脂肪酸和植物蛋白的来源。青草可以被鱼体更有效地吸收并转化为有益的不饱和脂肪酸（UFAs）和其他营养成分，有效改善脂肪沉积现象，获得更高品质和更健康的鱼产品。种青养殖的草鱼肌肉中，含量显著提升的二十碳五烯酸（EPA）、α-亚麻酸（ALA）、γ-亚麻酸（GLA）、硬脂酸和一些 n-3 类花生酸类物质，它们不仅可以显著改善并提高鱼肉中 n-3/n-6 UFAs 值，还能够帮助食用者降低患某些高发性疾病的风险。种青养殖的草鱼肌肉中含有较高水平的甘露聚糖、淀粉、尿苷二磷酸半乳糖（UDP）-葡萄糖、UDP-半乳糖和磷酸二羟丙酮，间接反映了天然草料的投喂对提升草鱼肌肉组织糖代谢活性的影响。

为了改进种青养殖模式下草鱼生长缓慢的不足，需合理搭配人工饲料，以期在改善鱼肉脂肪沉积、提高养殖草鱼营养价值和免疫抗病能力的同时，取得最大的经济效益和社会效益。

第五节　经济、生态及社会效益分析

一、经济效益

近年来，由于养殖饲料价格的上涨，养殖投入成本逐步上升，虽然随着养殖水平的不断提高，养殖单位产量有所增加，但由于市场鱼价起伏不定，而养殖病害却日益严重，导致养殖产业规模和效益的下滑。当前，全国经济运行进入新常态，现代渔业经过多年发展，也进入产业发展的转型期，渔业发展要从增量扩能为主的增长方式转向调整存量、做优增量并存的深度调整之中。用改革来推动渔业发展由过度依赖资源消耗、主要满足量的需求，向追求绿色生态可持续、更加注重满足质的需求转变。

通过发展环境友好、绿色生态的种青养鱼模式，可以在保护生态环境的基础上，提升养殖鱼类品质，通过有效的优质优价营销方式，实现渔民的增收。这对保障广大渔民的切身利益和农业和谐可持续发展具有积极作用。养殖鱼类的售价提升，稳定了渔民的生计，这将有效促进新农村建设，保障农村的安居稳定。以洪湖、大同湖农场为例，正常年份的亩均利润均基本在 2 000 元/亩左右，优质的种青草鱼售价可提升约 1.0 元/千克，按照 50 亩池塘的 500 千克/亩生产能力计算，渔民可增加利润 500 元/亩，一口塘增收 2.5 万元，这对于普通渔民来说将是一笔可观的收入。

二、生态效益

2017 年农业部印发的《"十三五"渔业科技发展规划》中指出，我国渔业发展的内外部环境正在发生深刻变化：资源与环境双重约束趋紧，资源日益衰竭，水域污染严重；一些长期积累的生产、生态矛盾尚未有效化解，渔业转方式、调结构任务日益紧迫，现代渔业建设必须由注重资源利用转向更加注重生态环境保护。"促进渔业绿色发展、循环发展、低碳发展"是"十三五"渔业生态文明建设的基本理念。渔业的发展急需创建基于环境友好和水产品质量安全的养殖技术和养殖模式，实现养殖废水减排达标，提升水产品质量，达到绿色标准的目标。

种青养鱼模式的养殖过程中，通过生态健康饲养、品种合理搭配和水质生态修复来保持鱼体健康，既节能又减排。种青养鱼模式投喂的饵料主要是青草饲料，减少了人工配合饲料的投喂量，这就降低了人工配合饲料形成的氮、磷等营养元素在水中和底泥中的沉积；同时植物根系的生长促进了底泥中有机物的矿化分解，有效改善了底质。在种青过程中，不施或少施化肥和农药，实现养殖与生态环境友好；种青养鱼还减少了草鱼疾病的发生，降低了渔药的使用次数和使用量，保障了水产品的质量安全。

三、社会效益

种青养鱼养殖模式符合绿色发展理念，充分发挥了生态养殖与现代集约养殖的技术优势，实现了底泥的资源化循环利用，减少了养殖废弃物的排放，节约了养殖投入品的使用，促进了水产养殖向低碳化

生产方式的转变。该种模式下养殖出来的鱼类形体美、口感好、营养丰富而且食用安全。同时，紧跟时代潮流，响应绿色环保号召，实现了"养殖过程可追溯，质量安全有保障"的池塘到餐桌的安全食用鱼推广，扫描具有唯一标识的条形码与二维码，供消费者自行监督检查，让消费变得安全可靠，趣味十足。

种青养鱼养殖模式中，主养的草鱼是普通民众的"当家鱼"，保证了大众的正常水产品的需求，虽然它不是名贵价高的鱼类，但却是寻常百姓家最主要的淡水消费品。草鱼的长期稳定供应，也是水产品市场稳定的风向标。种青养鱼可以开展集中连片运作，以合作社和集团公司为主要管理载体，让渔民充分参与和受益，打造集循环渔业、创意渔业、渔事体验于一体的综合体，融合第一、二、三产业，稳定提升鱼价，稳定广大大宗鱼养殖户的收入，促进广大渔业地区的美丽农村的生态文明建设。

第十章

池塘三级净化循环水养殖模式

第一节 模式介绍

传统淡水池塘养殖系统由"进水、蓄水和排水"三个部分组成，以单纯追求高产为目标，忽视排放水管理，不仅造成水资源浪费，也会排出高营养残留的废水，导致池塘水体污染严重。针对传统淡水池塘养殖的不足，池塘三级净化循环水养殖模式是对传统淡水池塘养殖模式的升级，改变了传统淡水池塘养殖模式"进水渠＋养殖池塘＋排水渠"的生产形式，即改变"资源消费-产品-废物排放"这一开放型物质流动模式（图10-1），以"资源消费-产品-再生资源"这一循环型物质流动模式（图10-2）来替代。相对于前者的传统经济活动，后者被称作循环经济。池塘三级净化循环水养殖模式就是在循环经济理念指导下产生的一种新型养殖模式，它将同一养殖体系分为多个功能不同的模块，并将某一养殖模块排放出的养殖废水作为另一模块的物质资源来利用的同时，使养殖废水得以净化，进而达到水资源循环使用、

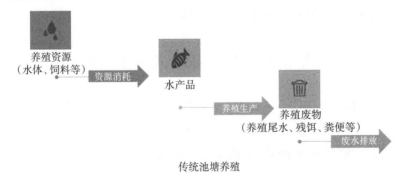

图 10-1 传统池塘养殖开放型物质流动模式

营养物质多级利用的目的，彻底实现淡水池塘养殖废水"零污染"的目标。

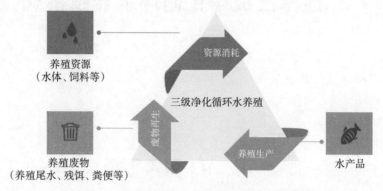

图 10-2　三级净化循环水养殖循环型物质流动模式

　　池塘三级净化循环水养殖模式将池塘水面分为养殖区和一级、二级、三级净化区。在养殖过程中，由养殖池塘排出的废水首先进入排水沟渠或者河道进行一级净化处理，然后再流入二级净化塘和三级净化塘，经二、三级净化后，被泵入养殖池塘，到下一个换水周期，养殖池塘的废水再次排入一级净化区，进行上述处理。至此，整个养殖过程形成了循环水利用模式。随着技术的革新和模式的发展，池塘循环水养殖模式的核心——三级净化单元，也不仅限于由河道、净化池塘以及蓄水池塘等养殖设施构成。生态沟渠、生态塘、人工湿地以及高位池等功能设施开始逐步加入三级净化单元的构建和组配中。另外，生物浮床、生态基以及底质修复等技术也逐步运用到三级净化单元中，丰富和增强原有三级净化单元的净化效能，实现养殖系统内部立体式净化，促进养殖系统资源利用效率的进一步提高。

第二节　技术和模式发展现状

　　2009 年以来，国家大宗淡水鱼产业技术体系在华东、华中和华南地区开展了池塘三级净化循环水养殖模式的推广。常州市武进水产养殖场作为大宗淡水鱼产业技术体系示范基地，承担实施了"太湖流域武进池塘水循环利用养殖技术示范工程"项目。2008—2013 年，武进区已经实施循环水项目 7 期。到目前为止，已有 24 家单位建成池塘循环水养殖模式,建设面积为 18 640 亩。池塘三级净化循环水养殖模式因其环保、高产的特点,在其他省市和地区已着手全力推广该模式。

以江苏省为例,2008 年江苏省推进太湖流域水环境综合治理工作,并根据《国务院关于太湖流域水环境综合治理总体方案的批复》(国函〔2008〕45 号)的要求,于翌年编制《太湖流域水环境综合治理实施方案》(苏政发〔2009〕36 号),即通过实施池塘循环水养殖技术示范工程,控制流域内水产养殖对太湖水体的影响。实施方案要求,2012 年太湖流域地区百亩连片养殖场 50% 的养殖面积要实施池塘循环水养殖技术示范工程,至 2020 年太湖流域地区百亩连片养殖场要全部实施池塘循环水养殖技术示范工程。江苏省政府对现有养殖池塘进行合理布局,在同一区域内规划为主养区、混养区、净化区和水源区等四个功能区,并提倡采用多级生物系统修复技术,对养殖池塘环境进行修复,根据水生态状况,有选择地投放草食性动物群,种植浮水、挺水、沉水植物,改善池塘生态系统。无锡、苏州、常州、镇江四市现有池塘连片养殖 150 万亩,规模以上连片养殖鱼塘总数 1 919 个,共 69 万亩。2008—2012 年完成池塘循环水养殖模式示范 34.5 万亩。

第三节　技术和模式关键要素

一、模式构建

参考淡水池塘循环水健康养殖三级净化技术操作规程（DB32/T 3238—2017），将模式构建内容概要予以介绍。

(一) 系统布局

池塘三级净化循环水养殖模式整体布局如图 10-3 所示。整个养殖系统由养殖池塘、供排水设施、进排水渠道、净水池塘、蓄水池塘、溢流坝、潜流坝以及提水泵站等构成。水源水和养殖池塘排出的养殖尾水首先在排水渠道或河道（一级净化系统）中被植物、浮游生物、微生物、底栖生物等净化后经溢流坝流入净水池塘（二级净化系统）中,污染物进一步被水生动、植物吸收利用,水体再经潜流坝过滤进入蓄水池塘（三级净化系统）中,蓄水池塘同时起到净化水质和蓄积水体的作用。经三级净化处理过的水作为养殖用水经泵站再通过进水渠道或管道输入到养殖池塘中形成一个循环。

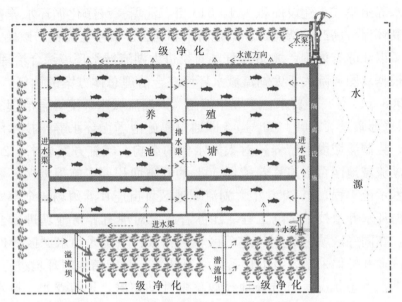

图 10-3　池塘三级净化循环水养殖模式整体布局示意图
图片来源于《淡水池塘循环水健康养殖三级净化技术操作规程》(DB32/T 3238—2017)

(二) 养殖池塘

养殖池塘一般为长方形，长宽比以 5∶3 为宜，面积视养殖池塘功能而定，可以为 0.5～200 亩，水深 1.5～2.5 米。养殖池塘底部平坦，无渗漏，保水性好。养殖池塘有独立的进排水设施，进水口设置 60～80 网目的过滤网。供水设施主要为水闸或总泵，水闸或总泵站处于水源与排水渠之间，其大小及配置方式视养殖规模而定。排水主要以抽插管方式进行底排，并设置检查井或根据养殖池塘面积配备水泵。进水渠为明渠或管道暗渠，一端与蓄水池相连，另一端与养殖池塘相连；排水渠为渠道或河道，一端通过水闸或总泵站与水源相连，另一端通过抽插管或水泵与养殖池塘相连，深度 2.0～3.0 米。进排水渠道占养殖区域水面积的 3%～5%。

(三) 净化设施

净水设施主要包括净水池塘、蓄水池塘、溢流坝、潜流坝以及提水泵站等。净水池塘设置有围堤和防渗层，通过溢流坝与排水沟渠或河道相连，通过潜流坝与蓄水池塘相连，深度 2.0 米左右，净水池塘占养殖总面积的 5%～8%；蓄水池塘通过潜流坝与净水池塘连接，通过泵站与进水渠相连，深度 1.5～3.0 米，蓄水池塘占养殖总面积的 2%～

5％；溢流坝位于排水渠道或河道与净水池塘之间，为高出净水池塘水面30～50厘米的混凝土墙体；在净水池塘与蓄水池塘之间建设一个潜流坝，潜流坝主要由鹅卵石堆积而成，坝体宽1～3米，顶部高出溢流坝0.5～1米；在蓄水池塘（三级净化）和养殖池塘之间建设提水泵站。

（四）净化单元

池塘循环水养殖模式的核心为三级净化单元。其中，一级净化系统一般由排水渠道或者河道构成，两岸采取"∩"形水泥护坡，护坡内种植湿生植物，排水渠的两边种植凤眼莲（*Eichhornia crassipes*）等水生植物，用毛竹围栏固定，覆盖面积为水面的30％～50％；在河道中放养鲢、鳙、螺蛳（*Margarya melanioides*）等。二级净化系统一般由净水池塘构成，也有人工湿地等。在净水池塘中，种植芦苇（*Phragmites communis*）、蒲草（*Typha angustifolia*）、再力花（*Thalia dealbata*）等挺水植物，覆盖面积为水面的30％左右，种植如菹草（*Potamogeton crispus*）、金鱼藻（*Ceratophyllum demersum*）、轮叶黑藻（*Hydrilla verticillata*）、黄丝草（*Potamogeton maackianus*）等沉水植物，覆盖面积为20％左右，种植睡莲（*Nymphaea tetragona*）、菱角（*Trapa bispinosa*）等浮叶植物，覆盖面积为10％左右。另外，可采用浮床等设施种植空心菜（*Ipomoea aquatica*）等经济植物，覆盖面积为5％左右；在净水池塘中放养鲢、鳙、螺蛳等。三级净化系统由蓄水池塘构成，在蓄水池塘中同样种植挺水植物、沉水植物和浮叶植物，种类与二级净化系统一致，覆盖面积分别为20％、30％和10％左右；在蓄水池塘中放养鲢、鳙、螺蛳、青虾（*Macrobrachium nipponense*）、河蚌（Unionidae）等。经三级净化系统出来的水质要符合《无公害食品　淡水养殖用水水质》（NY 5051—2001）和《太湖流域池塘养殖Ⅲ级水排放标准》（DB32/T 1705—2018）的规定。

（五）其他可整合的设施或技术

除上文提到的净化设施以外，随着技术革新和模式升级，生态沟渠、人工湿地以及生物浮床等净化设施或技术逐步被整合应用于池塘三级净化循环水养殖模式。其中生态沟渠和人工湿地为异位修复技术，生物浮床为原位修复技术，放置于养殖池塘中。"人工湿地＋生态沟渠"

的复合水质调控系统与养殖池塘的面积比例约为1∶4，生物浮床在养殖池塘的覆盖率为6%～10%。

1. 生态沟渠

生态沟渠由原有排水渠道或者河道改造而成，截面为倒置梯形，在生态沟渠两岸构建生态护坡，即利用浆砌六方砖种植湿生植物。沟渠内两边种植狐尾藻、金鱼藻等水生植物，用简易浮性围网或者围栏固定，便于后期及时替换或收割。覆盖面积为水面的30%～50%；生态沟渠内可放养鲢、鳙、螺蛳等，也可利用立体悬挂装置放养河蚌净化水质。如图10-4，在生态沟渠的水面上间隔1.5～2米设置平行牵拉钢索，钢索上间隔50～70厘米设置立体悬挂装置，立体悬挂装置位于水面下20～30厘米；在设置好的立体悬挂装置的每个网箱中放入6～8个河蚌，河蚌规格为长7～8厘米、宽4～6厘米（李冰等，2013）。

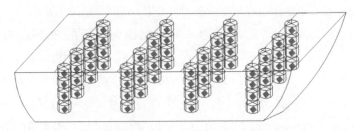

图10-4　立体悬挂装置

图片来源于《一种利用河蚌净化生态沟渠水质的立体悬挂装置》(ZL201320363827. X)

2. 人工湿地

以复合垂直流人工湿地为例，复合垂直潜流湿地主要由7个单元构成，分别为絮凝反应区、混凝沉淀区、强化曝气区、上行垂直潜流湿地、下行垂直潜流湿地、预警池、清水池。湿地主体面积与养殖总面积比例为1∶（15～30），长宽比例为2∶1，坡度为0.5%，水力负荷值为278毫米/天，水力停留时间为1.25天，日处理能力设定为100米³。工程主体采用混凝土整版工艺，湿地的布水采用管道布水的方式，湿地上、下行两个单元的布水方式相同，单元Ⅰ（上行垂直潜流湿地）管道直径为200毫米，布设在湿地底部，补水管道间距为2 000毫米。单元Ⅱ（下行垂直潜流湿地）管道布设在滤料中，距离表层滤料的100毫米。单元Ⅰ与单元Ⅱ水体的联通主要依赖于设在2个单元之间的阀门进行控制。布水管道铺设完毕后，利用青石进行管道保护，然后填充

滤料，滤料共3层，由下向上依次为直径8～10厘米大鹅卵石、4～6
厘米小鹅卵石和2～4厘米生物陶粒。湿地植物选择生长周期较长的再
力花、美人蕉和梭鱼草（彩图20），植物的种植采用单排间作，再力花
株距60厘米，美人蕉及梭鱼草株距40厘米，再力花与美人蕉及梭鱼草
间距均为60厘米，美人蕉与梭鱼草为40厘米，种植时间在5月初。湿
地滤料和植物的具体布局如图10-5所示。

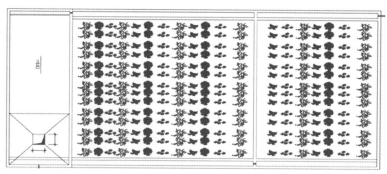

湿地植物种植平面图

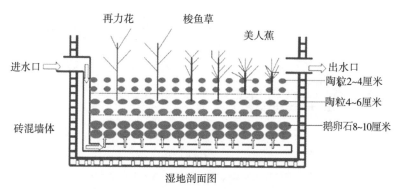

湿地剖面图

图10-5　复合垂直潜流人工湿地滤料和植物布局图

3. 生物浮床

　　生物浮床在养殖水面的覆盖率为6%～10%，也可根据蓝藻的暴发
情况适当增减。单个生物浮床单元在养殖水面的覆盖面积为2.0米²。
单个生物浮床单元包括上下两层，上层为柳条或竹子编织成的平面框
架（图10-6），下层为柳条或竹子编织成的上方开口的网格状立体框
架。上层框架为2米×1米的框架，框架内的孔隙直径为2～4厘米，
在孔隙中种植空心菜，空心菜的种植间距可以为15～25厘米；下层框
架为2米×1米×0.2米的网格状立体框架，框架内的孔隙直径为1.0～

2.0厘米，下层立体框架的周边包裹有网片，网片的孔径为20目，每个生物浮床单元养殖10~20个河蚌，10~20个螺蛳（李冰等，2019）。上层框架和下层框架之间通过纵向的连接杆连接，连接杆上套有一个可绕连接杆转动的筒状结构。相邻的生物浮床单元的连接杆上固定设有相互配合的搭扣，相邻的两个生物浮床单元通过连接杆上相互配合的搭扣连接。其优点是便于栽培、收割植物，便于放养以及收获河蚌或螺蛳，也便于将相邻的生物浮床单元串联在一起或解开串联。生物浮床通过阻尼器铰接于池塘下风口岸边，阻尼器采用黏滞阻尼器或摩擦阻尼器。连接杆上附着有降解菌，以进一步净化水体。

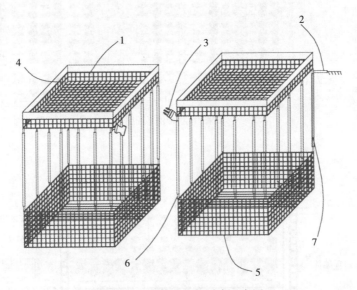

图 10-6 立体式生物浮床示意图

图片来源于《一种可有效控制池塘蓝藻的新型综合种养型生物浮床》(ZL201820152152.7)

1. 生物浮床单元 2. 阻尼器 3. 搭扣 4. 上层框架

5. 下层立体框架 6. 连接杆 7. 筒状结构

二、日常管理

参考淡水池塘循环水健康养殖三级净化技术操作规程（DB32/T 3238—2017），将日常管理细节概要予以介绍。

（一）养殖管理

池塘水位控制在 1.0~2.0 米。根据池塘水质条件及水分蒸发量确定注水量，一般每年 5 月、6 月、10 月每隔半个月补充一次新鲜水，7—9月每隔10天补充一次新鲜水。放养养殖品种时水深保持在1.2～1.5米，随着养殖品种的生长和气温升高逐步加深水位。养殖期间应根据养殖品种决定循环系统的运行次数，7—9月增加循环次数，每次循环的换水量为10%～20%。每年要对水闸或总泵站进行检查、检修，保持正常的工作状态；并做好平时使用、维修事宜。一个养殖周期结束，通过反冲对潜流坝进行清理。一般在循环水系统整理、消毒后10天左右，泼洒复合微生物制剂等，以后每月泼洒1～2次。

（二）植物管理

在冬季到来前清除枯死的杂草，避免在水体中腐烂造成二次污染。针对不能正常越冬的水葫芦等水生植物，根据需要将一定数量的水生植物移到温棚中越冬保种。每年春季，重新对水生植物进行整理，控制适宜密度。在水生植物整理完后要对整个循环水系统进行一次消毒。在循环水系统运行期间及时清理生长过盛的水生植物。

（三）动物放养

水生植物整理、消毒10～15天后，在一、二、三级净化单元中放入鲢、鳙、螺蛳。在蓄水池塘（三级净化）中投放青虾亲本1.5～2千克/亩，在二、三级净化池塘中放养规格为100～200只/千克的蟹种50～100只/亩。放养河蟹的池塘要设置防逃设施。每年养殖结束，对净化系统中生长的鱼、虾、贝等进行评估，适时捕捞，清除外来草食性鱼类。

（四）水质调控

每15天左右用生石灰化水全池泼洒一次，每月使用光合细菌等复合微生物制剂或底质改良剂1～2次。与此同时，根据养殖品种活动情况和天气情况适时开启增氧机。每月检测一次系统各净化区、养殖池塘及水源水质状况，根据水质变化决定系统补水、循环时间和循环周期。在养殖池塘用药期间停止使用水循环系统，待休药期满后再使用。总体而言，养殖池塘水质应满足水体透明度不低于30厘米，溶解氧不低于4毫克/升，pH 7.5～8.5，氨氮不超过0.5毫克/升，亚硝态氮不超过0.05毫克/升的要求。

（五）其他注意事项

定期检查生态沟渠中的立体式悬挂装置和生物浮床，及时取出死

蚌，更换新蚌。人工湿地需要定期维护和保养，为保证净化效果，人工湿地的植物和滤料每个养殖周期需替换一次，并对人工湿地的絮凝反应区、混凝沉淀区以及强化曝气区等单元反复冲洗。

第四节　典型案例

一、实施地点

武进水产养殖场成立于 2001 年 6 月 14 日，位于江苏省常州市武进区前黄镇灵台村（北纬 31°34′59.00″，东经 119°51′34.65″），被太湖上游的滆湖三面环围，全场面积 3 395 亩，养殖总面积 2 580 亩。2007年，该场生产鱼、虾、蟹 1 280 吨，渔业产值 1 850 万元。2008 年起，武进水产养殖场承担江苏省"太湖流域武进池塘水循环利用养殖技术示范工程"项目，开展池塘三级净化循环水养殖模式改造，实施总面积 2 000 亩。

二、实施目的

太湖是中国著名的五大淡水湖泊之一，是典型的浅水型湖泊。太湖流域面积虽然仅占全国面积的 0.4%，但人口却占全国人口的 3%，人口密度超过 900 人/千米^2（秦忠等，2000；赖格英等，2007）。太湖流域经济发达且城市化水平高，是中国最适宜居住和经济开发强度最大的区域之一。以往，传统池塘养殖业资源利用率较低，残饵、粪便等随着养殖废水排放到太湖水体中造成湖区污染（彭刚等，2010；胡庚东等，2011）。因此为了加强太湖流域水资源保护和水污染防治，要逐步改造太湖流域传统池塘养殖业，发展节水、节地、降耗、减排、可持续发展的池塘循环水养殖。

三、运行情况

自池塘循环水养殖模式改造以来，武进水产养殖场现有池塘循环水养殖面积 1 755 亩，以团头鲂、异育银鲫、鳙和鲢等为主要养殖品种，主要养殖品种的放养密度和规格如表 10-1 所示。养殖场以滆湖为水源，水源水首先由引水闸引入生态沟渠进行一级净化处理，然后经溢流坝流入二级净化池，二级净化后的水体经潜流坝流入三级净化池，水体经三级净化处理后最终流入养殖池塘，养殖过程中的养殖尾水直接排入生态沟渠，由此形成水体的三级净化和循环处理。

表 10-1　武进水产养殖场池塘三级净化循环水养殖模式苗种放养情况

品种	规格（克/尾）	放养量（尾/公顷）
团头鲂	45	33 150
异育银鲫	83	5 850
鲢	100	2 700
	夏花	16 650
鳙	250	600
	夏花	4 200

注：数据来源于国家大宗淡水鱼产业技术体系。

　　武进水产养殖场池塘循环水养殖模式整体布局以及水体循环净化路线如彩图 21 和图 10-7 所示。一级净化系统以生态沟渠（河道）为主体，占地面积约 175 亩，在河道两边种养凤眼莲、水花生（*Alternanthera philoxeroides*），吊挂生物刷（进行固定化微生物处理），同时放养河蚌、青虾、鲢以及鳙等，形成一个天然的水质净化系统。通过一级净化的水经溢流坝流入二级净化系统。二级净化系统占地约 380 亩，分为浅水区和深水区。浅水区主要种植有多种水生植物，包括浮水植物、挺水植物以及沉水植物等；深水区主要用来设置生物浮床。同时，二级净化池塘中同样放养河蚌、青虾、鲢以及鳙等，以提高养殖系统的资源利用率和水体净化效能。二级净化系统是整个循

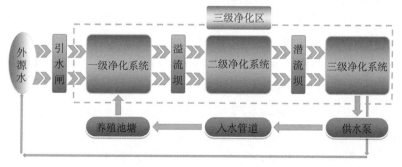

图 10-7　武进水产养殖场池塘循环水养殖模式循环净化路线示意图
（图片来源于国家大宗淡水鱼产业技术体系）

环水净化系统的主体，养殖用水主要在该区域净化，经过二级净化的水体经潜流坝进入三级净化系统。三级净化系统为占地约25亩的浅水池塘，以种植挺水植物为主，辅以沉水植物和浮水植物，同时放养河蚌、青虾、鲢以及鳙等。

四、实施效果

通过实施池塘三级净化循环水养殖模式改造，显著提升了原有传统养殖模式的经济效益和生态效益。同时，通过池塘循环水养殖模式的不断成功应用和推广，产生了较大的社会效益，起到了较好的带动作用，促进了太湖流域水资源保护和水污染防治。

（一）经济效益

江苏省"太湖流域武进池塘水循环利用养殖技术示范工程"项目实施后，通过构建池塘三级净化循环水养殖模式，亩均产量1 683千克，养殖产量在原有基础上提高5％，饵料系数降低5％；亩均利润2 543元，比改造前每亩增收500元，提高了养殖效益。充分利用三级循环系统发展养殖与种植业，净化区亩均产量150千克，亩均利润约600元，直接带动养殖户增收致富。由于池塘循环水养殖模式利用了多品种之间的生态位互补，实现了"封闭式"养鱼，创建了平衡和谐的生态环境，再加上施用微生态制剂，有效地提高了鱼体免疫力，减少了病原入侵和传播，降低了养殖动物的发病率，从而使渔药用量显著下降，保障了水产品品质和安全。

（二）生态效益

武进水产养殖场池塘循环水养殖模式对养殖尾水有显著的净化效果。如表10-2所示，2013年养殖期间（5—10月），经三级净化后的养殖水体，总氮的去除率为59.89％～73.03％，平均去除率为64.40％；总磷的去除率为49.21％～88.54％，平均去除率为78.87％；氨氮的去除率为36.64％～77.02％，平均去除率为60.21％；亚硝酸盐的去除率为83.33％～94.57％，平均去除率为87.66％。参照国家地表水环境质量标准（GB 3838—2002），养殖池塘水质为Ⅴ类，经三级净化处理后，养殖水体水质为Ⅲ～Ⅳ类，完全符合养殖用水标准。池塘三级净化循环水养殖模式有效减少了养殖污染，实现养殖尾水循环利用，降低了养殖活动对太湖水域的影响。

表 10-2　武进水产养殖场池塘循环水养殖模式 2013 年水质指标监测数据

水质指标	养殖池塘	一级净化区	二级净化区	三级净化区
温度(℃)	20.7～30.5	22.7～30.1	21.1～29.3	20.8～28.6
pH	7.26～7.83	6.81～7.78	6.31～7.84	6.71～7.95
溶解氧(毫克/升)	3.28～8.98	5.25～6.55	1.68～4.32	5.21～8.68
总氮(毫克/升)	5.276～8.339	2.284～3.776	2.050～3.449	1.882～2.579
总磷(毫克/升)	0.191～1.393	0.126～0.177	0.212～0.246	0.097～0.172
氨氮(毫克/升)	0.232～1.257	0.268～0.818	0.250～0.384	0.147～0.296
硝酸盐(毫克/升)	0.024～0.092	0.008～0.043	0.006～0.009	0.004～0.012
COD_{Mn}	8.218～8.760	7.849～8.521	7.824～8.474	7.670～8.286
叶绿素 a(毫克/米^3)	64.361～230.975	23.246～59.074	26.061～81.657	34.289～131.807

注：数据来源于国家大宗淡水鱼产业技术体系。

(三) 社会效益

武进水产养殖场池塘循环水养殖模式的成功带来了较好的社会效益，起到良好的示范推广作用。2008—2013 年，武进区已经实施池塘循环水项目 7 期，到目前为止，已有 24 家单位建成池塘循环水养殖模式，建设面积为 18 640 亩。池塘循环水养殖模式因其环保、高产，其他省市和地区已着手全力推广。

五、经验启示

在池塘三级净化循环水养殖模式中，通过在净化区内放养一定数量的配养生物，可以显著提高养殖系统的整体经济效益。但过高的养殖密度会严重影响净化区对养殖尾水的净化处理效能。因此，建议对净化区的养殖开发利用要适度，同时要考虑养殖品种的生态位搭配和适用性，尽量选择具有一定经济价值又无需饲料投入的养殖品种，如滤食性鱼类、滤食性贝类、刮食性贝类以及其他底栖生物等，以合理利用养殖系统内的时间、空间以及饵料等资源，提升养殖系统的资源利用效率，保障净化系统的水体净化效能。

第五节　经济、生态及社会效益分析

在生态效益方面，池塘三级净化循环水养殖通过三级净化区以及生态沟渠、人工湿地、生物浮床等的复合水质调控，养殖水体中总氮、总磷、氨氮以及亚硝酸盐等的去除效果显著，其中总氮的平均去除率为 32.21%，总磷的平均去除率为 56.11%，氨氮的平均去除率为 43.88%，亚硝酸盐的平均去除率为 45.07%，COD_{Mn} 的平均去除率为 8.06%。同时养殖水体浮游动植物密度及生物量得到稳定控制，均匀性及多样性较高，蓝藻得到有效控制，使养殖水体具有良好的稳定性及安全性。处理后的水体基本满足养殖用水的要求，实现水体循环利用和养殖零排放，达到了节能减排的目的。

在经济效益方面，主养团头鲂，混养鲫、草鱼、青鱼及鲢、鳙的池塘循环水养殖模式，团头鲂、鲫及草鱼等成活率平均提高 9.35%以上，饵料系数下降 0.10 以上，渔药投入降低 50%以上，效益提升 41.60%以上。2014—2016 年，该模式在江苏省无锡市及周边县市累计推广面积达 5 万亩，效益提升 20%，病害减少 30%，资源平均占有率下降 30%。主养草鱼、混养鲫及鲢、鳙的池塘循环水养殖模式，亩均经济效益在 3 600 元以上。2014—2016 年在江苏省兴化市、扬州市及江西省南昌市、上饶市等地区累计推广面积达 20.2 万亩，效益提升 15%以上，病害减少 30%以上。主养异育银鲫的池塘循环水养殖模式，实现养殖废水不外排，多级循环利用，亩均经济效益在 4 000 元以上，2014—2016 年在江苏省扬州市、盐城市累计推广面积达 9.4 万亩，效益提升 20%以上，病害减少 30%以上。

在社会效益方面，池塘三级净化循环水养殖模式具有节水、节地、降耗、减排、绿色可持续等优点，有效解决了水资源耗用、养殖尾水净化等突出问题，是践行"绿水青山就是金山银山"的发展理念，推进水产养殖业绿色发展的重要保障。且池塘三级净化循环水养殖模式历经多年的发展，技术体系较为成熟，所应用的环境调控技术及设施日趋完善，可根据不同地区、不同品种调整净化区和配养生物，集成适宜的环境调控技术和绿色养殖技术，适合大范围多区域推广。2008—2012 年，无锡、苏州、常州和镇江四市已完成池塘循环水养殖模式示范 34.5 万亩。池塘循环水养殖模式的推广和示范，保护了水域生态环境，助力了国家绿色发展战略，同时通过推广和示范，起到了很好的社会带动作用。

整体来看，池塘三级净化循环水养殖模式通过养殖水体的循环利用和多级净化，有效提高了养殖系统的资源利用效率，实现节水、节地、节能、减排、绿色可持续发展，综合效率显著提高，病害风险显著下降。

第十一章 / 虾稻综合种养模式

第一节　模式介绍

一、模式概述

虾稻综合种养（Crayfish-rice Integrated Culture）是指在水稻种植的同时或休耕期，通过田间工程技术的应用，在稻田里开挖渔沟，筑高田埂，构建虾-稻综合生态系统，将水稻种植与小龙虾养殖有机结合起来，基于系统内天然饵料或补充投喂的肥料和饲料，生产小龙虾和稻谷的一种生态农业模式。虾稻综合种养模式包括稻田养殖小龙虾、日本沼虾或罗氏沼虾。目前，稻-小龙虾种养模式最流行，主要集中在长江中下游地区，其中典型养殖地区是湖北省潜江市。本章指的虾为克氏原螯虾（*Procambarus clarkii*，以下称小龙虾或虾）。

二、技术原理

虾稻综合种养的理论基础来源于"稻鱼共生"理论，是稻渔综合种养模式中的一种。从 20 世纪 50 年代开始，我国渔业科学家倪达书先生就开始对传统的稻田养鱼技术进行总结，并在国内率先开展研究，1990 年出版专著《稻田养鱼的理论与实践》，提出了"稻鱼互利共生"理论。虾稻综合种养系统是由稻田环境与生物群落共同构成的统一体。非生物因子包括光、水、温度、pH、二氧化碳、氧气和一些无机物质等。生物因子包括生产者、消费者和分解者。生产者主要有水稻、杂草和藻类。它们都是通过光合作用和呼吸作用参与碳素循环，并向消费者和分解者提供有机物质。消费者主要有浮游动物（原生动物、轮虫、枝角类和桡足类）、底栖动物和人工放养的水产种类（鱼、虾、

154

蟹、鳖等），还有蚊子幼虫（孑孓）、水稻害虫、水稻害虫的天敌（青蛙、蜘蛛、寄生蜂）、水鸟等。

虾稻综合种养系统养分的利用和循环不同于自然生态系统，它是一个养分大量输入、大量输出的系统。养分的输入主要来源于施肥、补充投喂的饲料，养分的输出主要包括稻谷、稻秆和水产品（图 11-1）。虾稻综合种养系统的理论核心是利用水稻和水产动物的互利共生关系（图 11-2），人为地将水稻与水生动物置于同一个生态系统中，充分发挥水生动物在系统中的积极作用，清除杂草，减少病虫害，增肥保肥，促进营养物质多级循环利用，使更多的能量流向水稻和渔产品（图 11-1）。

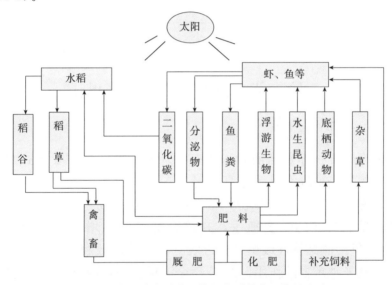

图 11-1　虾稻综合种养系统的物质转化和能量流动

由于水产养殖动物的引入，稻田生态系统中的生物种群、群落结构及相互关系将发生大的变化（图 11-2）。一方面，养殖动物能直接或间接利用稻田中杂草、底栖动物、浮游生物和有机碎屑，既减少了杂草与水稻对肥料的争夺，又利用了水稻不能利用的物质和能量。另一方面，养殖动物的排泄物又为水稻和水体浮游生物的生长提供丰富的营养源，产生的二氧化碳可被水稻、杂草及藻类利用。此外，养殖动物活动可松动表层土壤，在一定程度上改善土壤氧化还原状况，促进有机质矿化和营养盐释放。同时养殖动物还可以作为水稻病虫害的生物控制者。

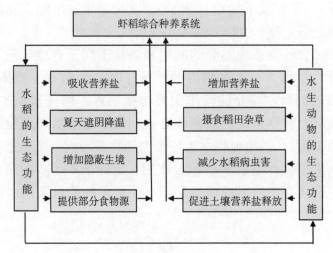

图 11-2　虾稻综合种养系统中稻-渔互利关系

第二节　技术和模式发展现状

一、面积与产量

稻渔综合种养是当前我国生态循环农业经济的主要模式之一，也是新时代加快推进渔业绿色高质量发展最具活力、潜力和特色的朝阳产业之一。在很多内陆省份，稻渔综合种养已成为实施乡村振兴战略和产业精准扶贫的重要抓手，在培育地方经济增长新动能、推进农（渔）业供给侧结构性改革、促进农（渔）业增效和农（渔）民增收中发挥着越来越重要的作用。2018 年全国稻渔综合种养面积发展到 3 200 万亩，其中当年投入生产的有 3 042.39 万亩，生产面积同比增长 8.66%；全国稻渔综合种养水产品产量 233.33 万吨，同比增长 19.81%。

目前虾稻综合种养是我国应用面积最大、总产量最高的稻渔综合种养模式，2018 年虾稻综合种养面积约占全国稻渔综合种养总面积的一半（49.67%），虾稻产量占全国稻渔综合种养总产量的 62.31%。虾稻综合种养也是我国小龙虾的主要养殖方式。自有统计数据以来的 2003 年起，我国小龙虾总产量除 2011 年略有回调外，整体呈逐年增加趋势。2013 年以后，年增长率逐年增加。2003—2018 年，养殖产量由 5.16 万吨增加至 163.87 万吨，增长 30 多倍（图 11-3）。2018 年增幅为历年最高，达 45.1%，养殖总面积达到 1 680 万亩。其中，小龙虾稻田养殖占比最大，产量 118.65 万吨，养殖面积 1 261 万亩，分别占总产量和总面积的 72.4% 和 75.1%。虾稻综合种养主要分布在长江中下游省份，2018 年种养面积排名前 5 的省份依次是湖北（48.96%）、湖南（18.68%）、安徽（13.98%）、江苏（7.07%）、江西（5.57%），5 省种养面积占全国虾稻种养总面积的 94.26%；种养水产品产量排名依次为湖北、湖南、安徽、江苏、江西，5 省产量占全国虾稻种养水产品总产量的 96.28%。

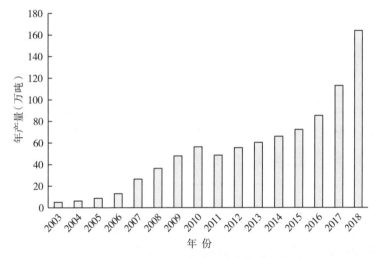

图 11-3 2003—2018 年全国小龙虾养殖产量

二、主要技术模式

2007 年以前，全国普遍采用的是虾-稻连作模式，即每年的 8—9 月中稻收割前投放亲虾，或 9—10 月中稻收割后投放幼虾，翌年的 4 月中旬至 5 月下旬收获成虾，6 月初整田插秧，如此循环种养。这种模式的缺点是小龙虾放养密度要适中，不能过高，否则到翌年 5 月小龙虾难以达到食用虾的上市规格，小龙虾单产一般在 40～60 千克/亩。

2013 年以后，几乎全部采用虾-稻共作模式，即在稻田中全年养殖小龙虾，并种植一季中稻。具体说，就是每年中稻未收割的 9 月购买或自留亲虾，每亩投放 20～30 千克［雌雄比（2～3）∶1］；或者 10 月中稻收割后投放幼虾，每亩投放规格为 10 毫米的幼虾 1.5 万～3.0 万尾。

翌年的 4 月中旬至 5 月下旬捕获达到食用规格的小龙虾出售，而小规格个体继续留田养殖，同时补投一批幼虾。6 月初整田插秧，8—9 月捕获第二批达到食用规格的小龙虾出售，同时留足个体较大的亲虾用于繁殖翌年所需的苗种。中稻收割后将秸秆还田，并灌水淹田，田面水深达到 20～40 厘米，为亲虾繁殖的虾苗提供营养和栖息生境。据调查，在这种共作模式中，小龙虾单产一般为 75～130 千克/亩；放养密度高、饲料投入多的少数养殖户单产可达到 150 千克/亩，但过高的产量也会增加虾病暴发的风险，故不提倡追求高产量。虾-稻种养模式的毛利润（未包括人力成本）一般为 1 800～3 500 元/亩，是水稻单作模式的 3～4 倍。当前主要的虾稻综合种养模式主要有繁养一体化养殖模式和繁养分离养殖模式。

1. 繁养一体化养殖模式

（1）第一年引种　稻田改造好后第一年养殖时需要引种，可采用投放亲虾、虾苗或虾种三种形式。亲虾放养时间一般在 9 月下旬至 10 月上旬，宜购买来自天然水体的小龙虾野生群体，投放量为 20～30 千克/亩，雌、雄比为 2∶1。虾苗或虾种放养可参照苗种放养环节的相关技术要点。

（2）翌年以后补充投放亲虾　翌年以后，每年 9 月下旬至 10 月上旬购买少量来自天然水体的亲虾补充投放，投放量一般为 5～10 千克/亩，以便维持或提升小龙虾遗传多样性和种质水平。

2. 繁养分离的养殖模式

繁养分离的养殖模式又分为投放虾苗的养殖模式和投放虾种的养殖模式。

（1）投放虾苗的养殖模式　每年 10 月中下旬水稻收割后，稻田宜立即灌水，田面水深保持 20～30 厘米，采用生石灰和微生态制剂调节水质。11 月中下旬至翌年 1 月上旬适时投放苗种，投放虾苗规格 10～15 毫米，每亩投放密度为 1.5 万～2.0 万尾。虾苗要求规格整齐，活泼健壮，无病害。采用双层尼龙袋充氧带水运输，运输车内气温不宜超过 20℃。运输时间不宜超过 12 小时，每袋装虾苗 0.5 万～1.0 万尾。虾苗投放前，通过施用适量生物有机肥来培育适口的天然饵料，保证虾苗有足够的食物来源和营养供给。

（2）投放虾种的养殖模式　3 月中下旬至 4 月初适时投放虾种，最迟不宜超过 4 月 20 日。投放前，田面水深保持 20~30 厘米，田面和渔沟均种植伊乐藻，采用生石灰和微生态制剂调节水质。投放虾种规格 150~200 只/千克，投放量为 25~30 千克/亩。虾种要求规格整齐，活泼健壮，无病害。一般采用干法运输，04：00—05：00 装运，离水运输时间不宜超过 2 小时，运输时最高气温不宜高于 25℃。

第三节　技术和模式关键要素

一、稻田环境与改造

1. 稻田环境条件

虾稻综合种养区应是生态环境良好、无任何污染的地域，周边没有对养殖环境构成威胁的污染源。种养区水源充足，注排水方便，保水性能好，雨季不淹，旱季不干。养殖用水水质应符合国家相关规定，禁止将不符合水质标准的水源用于水产养殖。

2. 稻田田间工程改造

水稻和小龙虾对水深、温度、pH、溶解氧、氨氮、透明度等环境因子的需求是不同的。两者之间最大的矛盾在于对水深的需求，水稻在不同生育期需要浅水，理想的水深变化为 3~15 厘米；在收割前 1~2 周需要排干；而小龙虾在整个生长期需要相对较深的水层，一般不低于 50 厘米。为了解决这个矛盾，必须对稻田进行工程改造，在稻田中开挖渔沟（有的还挖了渔溜），筑高田埂，安装防逃设施，铺设进排水管道。只有这样，才能将水稻种植和小龙虾养殖结合起来，开展虾稻综合种养。渔沟的形式主要有 4 种："口"字形、"十"字形、"日"字形、"目"字形。

稻田田间工程设计改造的基本要求如下。

（1）开挖养殖沟　一般是沿田埂四周内缘开挖环沟，堤脚距沟 2 米开挖，沟宽 1.5~4.0 米，沟深 1~1.5 米，坡比 1：1.5。大的田块还要在田中间开挖"一"字形或"十"字形的田间沟，沟宽 1~2 米，沟深 0.8 米。养殖沟面积不超过稻田面积的 10%。

（2）筑高田埂　利用开挖环养殖沟挖出的泥土加高、加宽、加固田埂。田埂加高时每加一层泥土都要进行夯实。田埂应高于田面 0.8~1 米，顶部宽 2 米。为了减少机械耕田泥浆对养殖种类的影响，在靠近环形沟的稻田台面外缘周边围筑宽 30 厘米、高 20 厘米的低围埂，将环沟和田台面分隔开。

（3）安装防逃设施　稻田排水口和田埂上应设防逃网。排水口的防逃网应为 20 目的网片，田埂上的防逃墙宜用 20 目的网片＋塑料薄膜、加厚塑料薄膜或石棉瓦作材料，防逃墙高不低于 40 厘米。

（4）铺设进排水管道　进排水口分别位于稻田两端，进水渠道建在稻田一端的田埂上。排水口建在稻田另一端环形沟的低处。按照高灌低排的原则，保证水灌得进、排得出。

二、水草种植

1. 水草选择及生物学特征

一般种植的水草有伊乐藻、轮叶黑藻等。伊乐藻（*Anachans canadensis*）原产于北美洲，是一种速生高产的沉水高等植物，俗称吃不败、常青草；伊乐藻适应力极强，只要水温在 5℃以上即可生长，选择在秋后或早春进行栽植。轮叶黑藻（*Hydrilla verticillata*）俗称灯笼薇、竹节草、温丝藻、转转薇等。单子叶多年生沉水植物，4～8 片轮生。广布于池塘、湖泊和水沟中，我国南北各省均有分布。喜高温、生长期长，再生能力强，营无性繁殖。轮叶黑藻为雌雄异体，花白色，较小，果实呈三角棒形。秋末开始无性生殖，冬季为休眠期，每年 3 月下旬水温上升到 10℃以上时，芽苞开始萌发生长，形成新的植株。

2. 水草移栽

伊乐藻栽种一般在当年 12 月至翌年 1 月，田面和渔沟均种植伊乐藻，水草栽种前期栽种区水位保持在 15～20 厘米，随着水草的出芽生长，逐步加深水位。稻田消毒后即可进行移栽，移栽可采取茎插的方法，株距 2～3 米，行距 5～6 米，渔沟水草覆盖率维持在 50%～60%，3—4 月田面水草覆盖率保持在 40%～50%，5 月保持在 20%～30%。

轮叶黑藻的栽种可分为芽苞播种和营养体繁育两种。芽苞播种一般在 12 月到翌年 3 月，选择晴天播种，播种前池水加注新水 10 厘米，每亩种 500～1 000 克，播种时应按行、株距 50 厘米，将 3～5 粒芽苞插入泥中，或者拌泥撒播。当水温升至 15℃时，5～10 天开始发芽。营养体繁育一般在谷雨前后，将稻田水排干，留底泥 10～15 厘米，将长至 20 厘米的轮叶黑藻切成长 8 厘米左右的段节，每亩按 30～50 千克均匀泼洒，使茎节部分浸入泥中，再将稻田水加至 15 厘米深。约 20 天后稻田田面都覆盖着新生的轮叶黑藻，可将水加至 30 厘米，以后逐步加深池水，不使水草露出水面。移植初期应保持水质清新，不能干水，不宜使用化肥。

3. 日常管理

（1）施肥　对于营养盐含量低、水体偏瘦的稻田，在水草种植时可考虑施肥，促进水草的生长。肥料主要为磷肥或尿素，用量为 2.5～5 千克/亩。

（2）水草覆盖率　5 月之前控制在 30%～40%，5—6 月控制在 40%～50%，7—8 月控制在 60%～70%，全年水草覆盖率不超过 70%。

（3）水草控制和清除　6 月中旬以后，要对伊乐藻进行去头和疏草。方法是在离水面 30 厘米处割除上部草（去头），同时对长势过旺的伊乐藻进行疏草，对漂浮于水面的断草要及时清除。

三、虾种运输与放养

1. 虾种运输

水草移栽一段时间后，则可放养虾种。一般虾种投放时间在 3 月中下旬至 4 月初，最迟不能超过 4 月 20 日。虾种一般采用干法运输，建议 04:00—05:00 装运，运输时最高气温不宜高于 25℃，离水运输时间不宜超过 2 小时。虾种放养后的成活率与运输时间和运输温度紧密相关，运输时间越长、运输时温度越高，放养后的成活率越低、死亡率越高。多次跟踪监测表明，不合理的运输可导致放养后的死亡率高达 85%。

2. 虾种投放量

一般根据虾种规格确定投放量。若投放 260～320 只/千克的小规格虾种，每亩可放养 7 000～8 000 尾；若投放 150～200 只/千克大规格虾种时，每亩可放养 5 000～6 000 尾。

四、配合饲料补充投喂与管理

在稻渔综合种养中，无论何种种养模式，都需要补充投喂一些饲料。饲料补充投喂量主要取决于养殖种类的放养密度和预期产量，日投喂量视水温而定，不同养殖种类存在一定的差异。补充投喂的饲料包括人工配合饵料及植物性和动物性饲料。对于小龙虾、河蟹、中华鳖等杂食性和肉食性种类，常用的动物性饲料为低值的小鱼虾、蚌肉、螺蚬肉、畜禽加工下脚料、蚯蚓等。常用的植物性饲料为豆粕、花生饼、小麦、豆渣、麦麸、玉米、米糠、瓜菜类及各种水草等。此外，虾稻田养殖沟中移栽水生植物，如伊乐藻、轮叶黑藻、苦草、水花生等，在为小龙虾提供栖息环境和隐蔽所的同时，也可为小龙虾提供优质的天然饵料资源。

1. 饲料投喂原则

在小龙虾的养殖过程中，配合饲料投入占养殖成本的50%以上，配合饲料的质量和投喂方式直接影响小龙虾的生长性能，继而对养殖效益产生影响。小龙虾配合饲料具有营养全面、适口性好等优点，可迅速提高小龙虾的规格和品质。一般来说，小龙虾的专用配合饲料蛋白含量为24%～36%，粒径约为8毫米，在水中的稳定性较好，一般可维持5小时以上（王吉祥和唐玉华，2019）。

在小龙虾不同的生活史阶段，其摄食习性和营养需求会有一定的差异，因而饵料的投喂也需不断调整。在小龙虾脱离母体后的幼苗阶段，主要摄食水中的轮虫、枝角类、桡足类及水生昆虫等天然饵料，因此此阶段主要通过施足基肥、适时追肥等方式肥水培育天然饵料生物，适当辅以蛋黄、豆浆等。在3—4月进入幼虾快速生长期，需以补充投喂人工配合饲料为主，肥水培饵为辅。为了加快其生长，缩短养殖周期，通常这段时期需增加投喂量，以投喂粗蛋白含量为26%～30%的配合饲料为主，每日投喂2次，投喂量为小龙虾总体重的3%～4%。此外，每日傍晚可辅喂部分鱼、螺、蚌肉等。5—6月为商品虾上市的高峰期，为提高规格、品质及产量，仍需以投喂配合饲料为主，投喂量为虾类体重的4%～5%（孙存鑫等，2017）。此阶段饲料的投喂量直接影响虾稻综合种养的生产成本和综合效益。研究发现，作为小龙虾的重要饵料资源的轮叶黑藻，当其覆盖率达到60%时，降低配合饲料的投喂量至饱食水平的60%并不会影响小龙虾的生长性能和肌肉营养成分，这一投喂策略为养殖户降低生产成本获取更大的养殖效益提供了可能（Jin et al.，2019）。

7—8月为高温期，此时天气炎热，水温较高，饲料投喂应谨慎酌减，以减少池中残饵，防止污染水质。此阶段田间小龙虾留存量一般较小，且高温期摄食量也减少，因此可每 2～3 天投喂配合饲料一次，辅以玉米、小麦等植物性饲料。同时注意闷热天气和水质不良时应减少饲料投喂量，阴雨天气时应慎投或不投。8 月以后，小龙虾即将进入繁殖期，这一时期必须强化饲料投喂。但研究发现小龙虾在繁殖期间摄食率仅为 1‰～2‰（Jin et al.，2019），因此也应注意避免过度投喂导致的水质恶化等后果。此外，由于小龙虾的游水能力较差，活动范围也小，且具有领域占有的习性。因此，在投喂时应坚持定点、定时、定质、定量、定人的"五定"投喂原则。具体的投料量应根据季节、天气、水质、水温以及虾的摄食、蜕壳、病情等综合考虑，科学掌控。一般以投料后 2 小时左右基本吃完为宜（王吉祥和唐玉华，2019）。

2. 其他注意事项

在饲料投喂管理过程中，既要保证小龙虾的摄食需求，又要避免过量投喂带来的水质污染。因此，需要注意以下两点。

（1）日投喂量　配合饲料每日的投喂量应以前一天的投喂量作为参考，以饵料台剩少许饲料为宜，并根据当天的具体情况进行适当调整。

（2）饵料投喂前的加工处理　有些农产品如小麦、大豆、玉米等在投喂前可在水中浸泡 1 天以上，使其充分软化；粉状料在投喂时需掺少量水，搅拌使其成为湿状饲料；投喂鱼、河蚬等鲜活饲料，应先切成块状，大小适口，以提高饵料的利用率（刘波等，2009）。

五、配套的水稻种植关键技术环节

1. 水深调控

小龙虾养殖稻田水深调控应根据水稻各生育期对水分的要求来确定。无论早、中、晚稻，均宜浅水插秧；在土壤水分饱和或浅水情况下可促使幼芽、幼根的正常生长。分蘖盛期前宜浅灌 3～5 厘米，如水深在 5 厘米以上，则对分蘖有抑制作用；分蘖后期采取深灌 7～9 厘米，可以抑制无效分蘖，但时间不能过长，以 7～10 天为宜。在拔节至出穗期，宜深灌 7～9 厘米。

关于晒田问题，当水稻单作时，分蘖末期到稻穗分化之前需要排

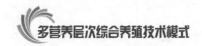

水晒田（亦称烤田或搁稻），以防止水稻的无效分蘖，晒田时间一般为7天。对于虾稻综合种养田，这个时期是否需要晒田，还没有一致的认识。但是，已有研究表明，中籼稻在分蘖高峰4天后，淹灌深水7～9厘米，对抑制无效分蘖具有很好的效果；若如此，这对共生的小龙虾是非常有利的。即使需要晒田，对小龙虾的影响也不大。晒田前清理养殖沟，让小龙虾在缓慢排水时进入养殖沟中短期回避，田晒好后，立即灌水。

2. 肥料使用

稻田施肥是促进水稻增产稳产的重要措施。施肥方法、种类和用量要依据水稻不同生育期对养分的需求而定，同时要考虑到养殖种类的增肥和保肥的作用。施肥分为基肥和追肥，前者是在插秧前使用的基本肥料（也称底肥），后者是在插秧后使用的补充肥料。根据施用时期的不同，追肥分为分蘖肥、拔节肥和穗肥。各期追肥的施用，总的目的都是满足水稻各个时期对养分的需要，使其生长发育健全整齐，提高水稻产量。

稻田小龙虾养殖过程中需要补充投喂饲料，小龙虾的粪便和饲料残饵可为稻田提供足够的肥力。一般小龙虾产量高于100千克/亩的稻田不施用基肥，若小龙虾产量不高，稻田土壤肥力不够，则可适量施用，但以有机肥料为主，搭配适量的复合肥。追肥主要施用磷肥和钾肥，少用氮肥。若需用氮肥，则一般用尿素，禁止使用对小龙虾有较大危害的氨水、碳酸氢铵等。为了减少对小龙虾的影响并提高肥料的利用效率，施用追肥采取少量多次、分片撒肥或根外施肥的方法，可分次进行，先施半块，后施其余。

3. 杂草控制

通常情况下，稻田杂草若不清除，每年可导致稻谷减产10%左右。稻田中主要的杂草有20多种，在虾稻田中小龙虾对杂草有一定的控制作用，也可套养少量大规格的草鱼种作为杂草的控制者。对于很难控制的稗草、莎草等，采用人工拔除，此方法虽然会增加一定的人力成本，但对小龙虾的成活和质量无危害。

4. 病虫害防治

水稻害虫主要有三化螟、二化螟、大螟、稻飞虱、稻纵卷叶螟、叶蝉、干尖线虫等。病害主要有稻瘟病、纹枯病、白叶枯病和细菌性条斑病。对于单作稻田，一般插秧后农户要在水稻 4 个生育期施用农药防治病虫害，这 4 个时期分别是移栽期（插秧后 7～10 天）、分蘖拔节期、破口前 5～7 天、扬花灌浆期。对于虾稻综合种养稻田，杀虫剂和杀菌剂的使用可能会对小龙虾的成活和产量有负面影响。因此，在虾稻田一般不施用农药，而是采用物理防控和生物防控的措施。物理防控措施主要是在田间或田埂上安装太阳能诱虫灯或诱虫板。诱虫板包括黄色、绿色和蓝色三种。黄色诱虫板可用于辅助治蚜虫、白粉虱、木虱等同翅目害虫，绿色诱虫板一般用于诱杀茶小绿叶蝉，蓝色诱虫板可用于辅助防治蓟马。白叶枯病和细菌性条斑病的病原均由细菌孢子传染，土壤并不带病菌，前者传染的主要途径为水孔，后者则为气孔，用 1% 的石灰水浸泡种子 72 小时就可以防止这两种病的发生。生物防控措施主要是依靠稻田中害虫的天敌和放养的水产种类，害虫天敌主要有昆虫、蜘蛛、青蛙、寄生蜂等。

当养殖稻田的水稻出现严重的病虫害时，需要选用植物源和微生物源农药产品，既能有效地防治病虫害，又能使养殖种类不受到损害。粉剂宜在早晨露水未干时用喷粉器喷，水剂宜在晴天露水干后用喷雾器喷于稻叶上，勿使药剂直接喷入水中。

第四节　典型案例

现阶段我国虾稻综合种养模式多种多样，其中发展最早的虾稻综合种养模式为"虾稻连作"模式。"虾稻连作"模式是将稻田单一的农业种植模式提升为立体生态的种养结合模式，即充分利用稻田的浅水环境，冬闲期和水稻种植前期在稻田中进行小龙虾养殖。后来经过科技工作者和广大农民的不断摸索，创新出了"虾稻共作"生态种养模式。"虾稻共作"综合种养模式是在"虾稻连作"模式基础上发展而来，变过去"一稻一虾"为"一稻两虾"，延长了小龙虾在稻田的生长期，实现了一季双收，在很大程度上提高了养殖产量和效益。此外，"虾稻共生"模式还有很大延伸发展空间，如"虾鳖稻""虾蟹稻""虾鳅稻"等养殖模式（陶忠虎等，2013）。截至 2019 年，大多数养殖户均采用稻田小龙虾繁养一体化养殖模式，即每年主要利用稻田中留存的亲本虾进行苗种自繁自育，育成的苗种既可以在稻田继续养成成虾，也可以作为种苗直接出售。稻田小龙虾繁养一体化养殖模式的应用在一定程度上缓解了虾苗的供不应求问题，也提升了单位面积的综合效益。但经过多年的实践和应用，稻田小龙虾繁养一体化养殖模式存在苗种质量不稳定、苗种规格差异大、养殖密度无法控制等问题，直接导致小龙虾生长速度缓慢、规格偏小、病害频发，综合效益欠佳欠稳定。自2018年开始有养殖户开始尝试稻田小龙虾繁养分离的养殖模式，即小龙虾苗种繁育和成虾养殖分别在不同的田块或同一田块不同的独立区域进行。

一、稻田小龙虾繁养一体化绿色高效养殖模式

现阶段的虾稻共作和连作模式均是采用小龙虾繁养一体化的生产形式。

（一）典型案例1

现阶段湖北省虾稻综合种养主要采取"虾稻共作"模式。2015年湖北省水产技术推广总站为比较稻田"虾稻共作"与"水稻单作"的经济效益，随机选择湖北省鄂州市泽林镇万亩湖小龙虾合作社和泽林镇兴发种养殖农民专业合作社4名成员的田块进行了调查测产（马达文等，2016）。结果表明，"虾稻共作"每亩成本均大于"水稻单作"模式，其中，养殖户张育平的亩成本最高，为"水稻单作"模式成本的2倍多；养殖户余国清的亩成本最低，和"水稻单作"模式成本相似（表11-1）。虾稻共作养殖户张育平的亩成本明显高于养殖户余国清和高彭保，是由于张育平为第一年进行虾稻共作，购买苗种以及过高的请工费导致其生产成本相对较高。"虾稻共作"模式的不同养殖户之间亩总产值呈现较大差异，但其亩总产值均显著高于"水稻单作"模式，其中养殖户张育平的亩总产值最高，达5 560元，为"水稻单作"模式亩总产值的3.3倍。亩利润与亩总产值呈现相似的结果，"虾稻共作"模式的亩总产值均显著高于"水稻单作"模式，"虾稻共作"模式每个养殖户的亩总产值为"水稻单作"模式的3～4倍，综合经济效益明显升高（表11-2）。

表 11-1　"虾稻共作"与"水稻单作"模式成本对比

项目	养殖户			
	余国清	高彭保	张育平	王守全
养殖面积（亩）	120	110	230	120
模式	虾稻共作	虾稻共作	虾稻共作	水稻单作
稻田租金（元/亩）	350	350	340	350
水稻播种方式	撒播	插秧	插秧	插秧
水稻苗种（元/亩）	96	100	100	98
虾苗种（元/亩）	自繁自育	自繁自育	556	—
肥料（元/亩）	100	120	190	128
饲料（元/亩）	20	20	90	—
药物（元/亩）	40	50	50	98
开沟费分摊（元/亩）	40	40	100	0
地笼折旧（元/亩）	50	50	80	0
请工费（元/亩）	50	300	460	0
机耕费（元/亩）	40	80	70	70
收割费（元/亩）	80	80	90	80

注：表中数据引自马达文等（2016）。

表 11-2　"虾稻共作"与"水稻单作"模式效益对比

项目	养殖户			
	余国清	高彭保	张育平	王守全
（1）稻谷				
产量（千克/亩）	650	800	650	700
单价（元/千克）	2.4	2.5	2.4	2.4
产值（元/亩）	1 560	2 000	1 560	1 680
（2）商品虾				
产量（千克/亩）	60	20	75	0
单价（元/千克）	24	44	36	0
产值（元/亩）	1 440	880	2 700	0
（3）虾种				
产量（千克/亩）	40	85	50	0
单价（元/千克）	20	20	26	0
产值（元/亩）	800	1 700	1 300	0
总产值（元/亩）	3 800	4 580	5 560	1 680

（续）

项目	养殖户			
	余国清	高彭保	张育平	王守全
成本（元/亩）	866	1 190	2 126	824

注：表中数据引自马达文等（2016）。

（二）典型案例2

安徽省是推广虾稻综合种养模式的主要省份之一。安徽省水产技术推广总站为确定科学合理的稻田改造参数，探索虾稻综合种养模式下适宜的小龙虾放养密度，建立茬口衔接、水稻和小龙虾日常管理、防逃、病虫害防治以及水稻收割与小龙虾捕捞等技术体系，采取以点带面、点面结合的方式进行虾稻综合种养技术模式的示范推广。2011—2014年在稻田综合种养核心示范区全椒县龙虾经济专业合作社进行"虾稻综合种养技术"重复试验。试验选择了5块"虾稻连作"试验田，面积（编号）分别为7 070米²（LZ1）、8 000米²（LZ2）、8 000米²（LZ3）、9 340米²（LZ4）和9 340米²（LZ5），同时设5块面积相同的水稻单作对照田，编号分别为DD1、DD2、DD3、DD4和DD5。

1. 该模式生产流程

当年水稻收割后的9月底或10月上旬至翌年6月上旬养殖小龙虾；5—6月上旬专田育秧，6月中旬至9月底种植水稻，以水稻种植为主；5—6月上旬用地笼捕捞小龙虾，留下部分规格较大的小龙虾苗种与水稻共作，作为后备亲虾培育。小龙虾起捕时间集中在4月上旬至6月中旬。采用虾笼诱捕，捕大（30克以上）留小，适时捕捞。从4月下旬开始不断将达到商品规格的小龙虾起捕上市，使在田小龙虾密度不断降低，提高生长速度，到6月中旬结束捕捞。水稻生长期重点抓好两次晒田，晒田按照干湿交替的原则。第一次晒田于7月中旬开始，持续7~10天，晒到大田土壤表土出现裂缝为止，抑制水稻的无效分裂。第二次晒田于水稻成熟时（9月下旬）开始，缓慢排水使大田田面露出，小龙虾会选择掘洞或迁移到环沟中，一直晒到大田土壤板结干裂，便于收割机作业。第二次晒田后收割机从环沟闭合处进入大田收割水稻。

2. 效果评价

"虾稻连作"模式的水稻产量较"水稻单作"模式高，每亩水稻平均产量增加约63千克（表11-3），提升13.2%，平均产值增加183元

（表11-4），提升13.2%，表明虾稻连作有利于水稻的生长，提升水稻产量。"虾稻连作"模式无论是亩产值和亩利润均显著高于"水稻单作"模式。虽然"虾稻连作"模式的投入较"水稻单作"模式高，但其总体收益显著高于"水稻单作"模式，综合经济效益显著提升。

表11-3　2011—2014年"虾稻连作"与"水稻单作"模式产量对比

年份	虾稻连作			水稻单作
	水稻亩产量 （千克/亩）	虾平均规格 （克/尾）	虾亩产量 （千克/亩）	水稻亩产量 （千克/亩）
2011年	542.0	33.4	128.2	483.2
2012年	536.1	33.9	141.6	485.6
2013年	542.2	35.4	144.8	464.2
2014年	542.8	35.1	152.5	478.2

注：表中数据引自奚业文和张玲宏（2015）。

表11-4　2011—2014年"虾稻连作"与"水稻单作"模式效益对比

年份	虾稻连作			水稻单作
	水稻亩产值 （元/亩）	虾亩产值 （元/亩）	总产值 （元/亩）	水稻亩产值 （元/亩）
2011年	1 517	2 563	4 080	1 353
2012年	1 501	3 810	5 311	1 360
2013年	1 627	5 792	7 419	1 393
2014年	1 628	5 794	7 422	1 435
利润（元/亩）	—	3 779	—	84
投入产出比	—	1∶2.66	—	1∶1.06

注：表中数据引自奚业文和张玲宏（2015）。

二、稻田小龙虾繁养分离养殖模式

针对稻田小龙虾繁养一体化养殖模式存在苗种质量不稳定、苗种规格差异大、养殖密度无法控制，导致小龙虾生长速度缓慢、规格偏小、病害频发，综合效益欠佳欠稳定的问题，自2018年开始有养殖户开始尝试稻田小龙虾繁养分离养殖模式，即小龙虾苗种繁育和成虾养殖分别在不同的田块或同一田块不同的独立区域进行。

2019年中国科学院水生生物研究所为验证稻田小龙虾繁养分离养殖模式的实用性和可靠性，在稻田构建大型围隔对此模式进行了中试

试验（黄丰等，2020）。试验在水稻休耕期的稻田中采用网片构建围隔（20米²），通过原位试验评估了三种规格的小龙虾生长、存活及养殖效果。

试验设计三个不同规格处理组，小规格平均体重为3.35克，中规格为6.49克，大规格为10.35克，每个处理组有三个重复，试验开始时每个围隔投放的虾种生物量均为1 000克，统计每个围隔投放的个体数量。2019年4月30号投放虾种，试验虾种来自周边的虾田，采用地笼捕捞，05:00—06:00取虾，虾种从捕捞点运到试验田只需10分钟，所选试验虾种附肢齐全、健康无病。试验周期45天。

效果评价：经过45天养殖后，大规格组的存活率达到（77.25±5.12)%，显著高于中规格组（58.06±3.26)%和小规格组（60.10±3.0)%（ANOVA，$P<0.01$），中规格组与小规格组的存活率无显著差异（ANOVA，$P>0.05$）。大规格组的虾体平均体重达到（45.15±9.24）克，中规格组为（37.64±5.94）克，小规格组为（27.47±4.02）克。大、中和小规格组的单个围隔平均产量分别为3.64千克、3.32千克、5.08千克，小规格组产量最高，比大规格组和中规格组分别增加28.3%、34.6%。大、中和小规格组的饲料系数分别为1.85、1.77、2.34，前两者没有显著差异，但都显著小于后者（ANOVA，$P<0.05$）（表11-5）。大、中和小规格组的单个围隔毛利润分别为165元、79元和96元，折合成每亩毛利润分别为5 503元、2 635元和3 204元，此种繁养分离养殖模式均能取得稳定的经济效益（表11-6）。

表11-5　试验围隔中小龙虾不同规格组的养殖效果

处理组	大规格组	中规格组	小规格组
平均体重（克）	45.15±5.08[a]	37.64±3.65[b]	27.47±2.48[c]
体重变异系数	20.47±1.24[a]	15.78±1.68[b]	14.63±1.92[b]
存活率（%）	77.25±5.12[a]	58.06±3.26[b]	60.10±3.04[b]
产量（千克/围隔）	3.64±0.22[b]	3.32±0.25[b]	5.08±0.31[a]
净产量（千克/围隔）	2.64±0.22[b]	2.32±0.25[b]	4.08±0.31[a]
饲料系数	1.85±0.07[b]	1.77±0.08[b]	2.34±0.12[a]

注：同行数字上标具有不同字母的均数之间存在显著差异（$P<0.05$）。

在市场销售过程中，小龙虾产品一般分为三级，一级虾的体重45克以上，二级虾的体重为35～45克，三级虾的体重为20～35克。不同级别的虾产品在价格上存在很大的差异，在正常情况下，一级虾的价格比二级虾的高50％左右，往往是三级虾的2倍，二级虾的价格比三级虾的高40％～45％。在该试验中，虽然大规格组单个围隔的平均产量不是最高，但由于其平均规格大，售价高，因此导致其毛利润最高，比中规格组和小规格组的毛利润分别增加114％、76％。这些结果表明放养大规格（10克左右）虾种时，养殖死亡率低、产品档次高，因而能以较低的产量获得较高的经济效益。

表 11-6　试验围隔中小龙虾不同规格组养殖投入产出分析

项目	处理组	大规格组	中规格组	小规格组
投入	苗种成本（元/围隔）	32	32	24
	水草成本（元/围隔）	3.8	3.8	3.8
	饲料成本（元/围隔）	12.5±1.9	12.6±1.1	13.75±1.2
	电费分摊（元/围隔）	4.3	4.3	4.3
	小计（元/围隔）	52.6	52.8	45.9
	折合每亩投入（元）	1 756	1 760	1 529
产出	产值*（元/围隔）	218	132	142
	毛利润**（元/围隔）	165	79	96
	折合每亩毛利润**（元）	5 503	2 635	3 204

注：* 表示大规格、中规格和小规格组的成虾在当时集散交易市场的售价分别为60、40、28元/千克；

**表示没有包括田租和人工费。

第五节　经济、生态及社会效益分析

一、经济效益

多数研究表明虾稻综合种养模式的水稻产量一般均高于水稻单作或与水稻单作持平，没有表现减产情况（吴楠等，2013；奚业文和张玲宏，2015；王晨等，2018），同时还额外输出水产产品，这种模式既保障了粮食稳定生产，相对于水稻单作还能取得更高的经济效益。

从表11-7可以看出，不同地区不同案例的经济效益存在一定的差异，但所有案例虾稻综合种养模式的利润和产出投入比均明显优于水稻单作模式，且虾稻综合种养模式的毛利润至少是水稻单作模

表11-7 不同地区虾稻综合种养模式的经济效益

案例	年份	省份	养殖模式	面积(亩)	稻谷			虾			合计			参考文献
					亩产量(千克)	价格(元/千克)	亩产值(元)	亩产量(千克)	价格(元/千克)	亩产值(元)	亩产值(元)	成本(元/亩)	利润(元/亩)	
1	2005—2015	湖北潜江	虾稻综合种养	1.35	579.4	2.4	1 391	150	20	3 000	4 391	1 047	3 344	倡国涵等，2017
			水稻单作	1.35	528.9	2.4	1 269	—	—	—	1 269.4	605	664.4	
2	2015	湖北鄂州	虾稻综合种养	460	686	2.43	1 667	113.7	28.1	3 195	4 866	1 576	3 290	马达等，2016
			水稻单作	120	700	2.4	1 680	—	—	—	1 680	824	856	
3	2011—2014	安徽全椒	虾稻综合种养	62.62	540.8	2.9	1 568	141.8	31.7	4 495	6 063	2 279	3 784	窦业文和张玲宏，2015
			水稻单作	62.62	477.8	2.9	1 386	—	—	—	1 386	85	1 301	
4	2012—2013	湖南南县	虾稻综合种养	57	—	—	—	—	—	—	3 223	2 461	762	熊国平，2016
			水稻单作	17.2	—	—	—	—	—	—	1 605	1 076	529	

式的 2 倍以上。稻渔综合种养虽然具有很好的经济效益，但由于苗种、饲料和劳力的投入，也增加了额外的生产成本。额外成本的增加与放养密度和预期产量密切相关。从表 11-7 中可看出虾稻综合种养模式的生产投入一般是水稻单作模式的 1.5～2 倍。

二、生态效益

1. 对水稻病虫害的控制

水稻种植过程中病虫害较多，主要的病害包括纹枯病、稻曲病、稻瘟病，虫害包括稻飞虱、稻纵卷叶螟、二化螟（强润等，2016）。虾稻共作模式对水稻虫害发生有较好的抑制作用。曹凑贵等（2017）研究表明随着虾稻共作年限的延长，虫害明显减少，稻飞虱、二化螟、稻纵卷叶螟等得到控制，特别是对二化螟的控制效果最好。由于虾稻共作田冬季处于淹水状态，冬后二化螟幼虫基数为 0。在稻-虾-鳖综合种养模式中，稻-虾-鳖共生田块中未见虫害暴发，平均每百株水稻白背飞虱、褐飞虱和稻飞虱天敌蜘蛛的数量分别是常规稻田的 0.49、0.73 和 2.34 倍，稻飞虱与虱蛛数量之比明显低于对照组，虫害得到了较好的控制（吴楠等，2013）。

虾稻共作模式对水稻病害的作用效果会因共作年限和病害种类的不同而呈现一定的差异。曹凑贵等（2017）研究表明随着虾稻共作年限的延长，水稻稻曲病明显减少，而水稻纹枯病和基腐病显著加重。强润等（2016）研究也表明虾稻模式水稻纹枯病指数提高。究其原因，认为在水稻烤田期间，为了保障环形沟内小龙虾的生长，沟内水位一般不低于田面 30 厘米，稻田地下水位较高，造成烤田不充分、田间湿度较大，较有利于发生纹枯病和基腐病；同时小龙虾在田间活动过程中有攀附稻株的习性，可能造成水稻植株表面伤口的增加，加剧纹枯病菌丝侵染（强润等，2016）。

2. 对稻田杂草的控制

在稻田中，常见的杂草有 10 种以上，草鱼可通过直接摄食控制稻田中的一些杂草，特别是一些沉水植物和浮萍（倪达书和汪建国，1988）；杂食性河蟹、小龙虾、鲤、鲫等水产动物的放养对杂草也具有较好的控制作用（张堂林等，2017）。在一般情况下，稻田杂草每年夺去稻谷产量的 10%，最高可达 30% 以上，也就是说，若消灭了田间杂草，稻谷将增产 10％以上。通过试验测算表明，未养小龙虾稻田水稻的杂草量是养小龙虾稻田的 13～15 倍。养殖小龙虾稻田杂草现存量为 2.5～7.5 千克/亩，而未养小龙虾稻田尽管经过三次中耕人工除草，割稻时的杂草现存量仍为 150～350 千克/亩（鲜重）（奚业文和周洄，2016）。徐大兵等（2015）研究表明，虾稻共作模式可以减少田间杂草的发生，使得李氏禾和异型莎草的数量减少，同时也降低了稻田杂草的丰富度、多样性和均匀度。具体而言，与常规水稻单作模式相比，当虾稻共作 2～3 年时，稻田杂草总密度、双子叶阔叶和单子叶禾本科杂草密度分别比常规模式降低了 52.92％、73.53％和 63.26％；虾稻共作 2～8 年模式下稻田杂草丰富度指数减少了 32.71％～55.78％，Shannon-Wiener 指数、Pielou 均匀度指数和 Simpson 优势度指数均减少了约 50％，而生态优势度则增加了48.37％～60.87％（徐大兵等，2015）。

3. 有助于改善土壤结构和水体环境，提高稻田土壤肥力

在稻渔综合种养系统中，水产动物具有增肥和保肥的生态作用，防止土壤肥力减退，维持生态平衡，使农业生态系统处于良性循环之中（张堂林等，2017）。佀国涵等（2017）研究表明长期虾稻共作模式显著降低了 15～30 厘米土层的土壤紧实度，其在 15 厘米、20 厘米、25 厘米和 30 厘米处的土壤紧实度较中稻单作模式分别降低了 20.9％、29.9％、24.8％和 14.7％，土壤结构改善效果明显。同时虾稻共作系统中小龙虾的活动还可使水中的溶解氧均匀分布，并翻动土壤，因而改善土壤的供氧状况和土壤通透性，有利于有机物的分解，减少土壤还原物质，提高土壤肥力，因此有许多养虾田并不晒田，也不中耕除草，但仍比未养虾田稻谷增产 5％以上（奚业文和周洄，2016）。研究发现，虾稻共作模式的土壤全钾含量和土壤 C/N 值随着土壤深度的增加均呈增加趋势；长期虾稻共作模式较中稻单作模式显著提高了 0～40厘米土层中土壤有机碳、全钾和碱解氮含量，0～30 厘米土层中土壤全氮含量，0～10 厘米土层全磷和速效磷含量以及 20～40 厘米土层速效钾的含量，土壤肥力提升明显（佀国涵等，2017）。

4. 减少化肥和农药的使用，降低环境污染

已有研究表明，在稻虾、稻鲤、稻蟹、稻鳖和稻鳅共作的稻渔种养农场中，稻渔共作模式的氮肥投入和农药投入均显著低于水稻单作模式（$P < 0.001$）。具体而言，稻渔共作模式氮肥平均投入为（128.40

±8.03）千克/公顷，而周边水稻单作氮肥平均投入为（193.45±7.46）千克/公顷，稻渔共作模式氮肥使用量比水稻单作模式平均减少33.63%；其中，稻虾共作、稻鲤共作、稻蟹共作、稻鳖共作和稻鳅共作相比于水稻单作，氮肥平均投入分别降低了25.71%、31.55%、24.15%、60.42%和27.55%。稻渔种养型农场的水稻单作模式农药平均投入为（15.42±1.09）千克/公顷，稻鱼共作模式农药平均投入为（6.21±0.62）千克/公顷，比水稻单作模式平均减少59.73%；其中，稻虾共作模式比水稻单作模式农药平均投入减少了41%（王晨等，2018）。同时虾稻综合种养是一种典型的生态农业方式，大幅减少化肥和农药施用量，有助于保护农业生态环境，减少农业面源污染。

5. 有利于降低稻田 CO_2、CH_4 和 N_2O 等温室气体的排放

温室气体大量排放引起的温室效应导致全球气候变暖、海平面升高、土地和物种多样性减少以及极端天气事件频发，直接威胁全球人类的可持续发展。CO_2、CH_4 和 N_2O 作为三种最重要的温室气体，对全球气候变暖的作用大于70%，其中大气中的 CH_4 有 10%～20% 来自稻田。已有研究发现，虾稻共作模式在稻季 CH_4 排放通量比水稻单作模式低；相对于水稻单作处理组，虾稻共作处理组 2016 年和 2017 年 CH_4 排放分别降低 39.77% 和 47.80%。虾稻共作模式在全年 CH_4 和 N_2O 排放通量也呈现类似的结果，即虾稻共作处理组全年甲烷和 N_2O 累积排放通量较水稻单作处理组分别下降了 37.93% 和 38.06%（孙自川，2018）。在稻渔综合种养系统中，水产养殖动物呼吸所排出的 CO_2 为水稻提供了碳源，有利于水稻的光合作用（张堂林等，2017）。

三、社会效益

1. 虾稻综合种养有助于农民增收致富，提高生活水平

当前，农民种稻的经济效益低，种粮积极性不高。虾稻等稻渔综合种养技术能产生很高的经济效益，种养田每亩纯收入一般在 2 000 元以上，是水稻单作田的 2 倍以上。这对于激发农民种粮积极性，稳定粮食生产，帮助农民增收致富，促进农村经济发展具有重大的现实作用。

2. 虾稻综合种养有利于改善农村环境卫生，保护农村居民身体健康

稻田是蚊子幼虫（孑孓）的滋生地，尤其是中华按蚊和三带喙库蚊幼虫的主要滋生场所。稻田放养的鱼、虾、蟹等水产动物能大量捕食蚊子幼虫，减少以蚊子为媒介传播的一些疾病，如疟疾、黄热病、脑炎等（Halwart and Gupa，2004）。据调查，稻田中小龙虾密度达到5尾/米^{2}以上，就可以将孑孓摄食完（奚业文和张玲宏，2015）。因此，虾稻综合种养对改善农村公共卫生、灭蚊防病、保护农村居民健康也有重要的作用。

参 考 文 献

曹煜成，李卓佳，杨莺莺，等，2007. 浮游微藻生态调控技术在对虾养殖应用中的研究进展 [J]. 南方水产，3（4）：70-73.

曹煜成，文国樑，李卓佳，等，2014. 南美白对虾高效养殖与疾病防治技术 [M]. 北京：化学工业出版社.

常杰，田相利，董双林，等，2006. 对虾、青蛤和江蓠混养系统氮磷收支的实验研究 [J]. 中国海洋大学学报（自然科学版），36（S）：33-39.

董双林，2015. 中国综合水产养殖的生态学基础 [M]. 北京：科学出版社.

方建光，蒋增杰，房景辉，2020. 中国海水多营养层次综合养殖的理论和实践 [M]. 青岛：中国海洋大学出版社.

冯翠梅，田相利，董双林，等，2007. 两种虾、贝、藻综合养殖模式的初步比较 [J]. 中国海洋大学学报，37（1）：69-74.

郭泽雄，2004. 高位池南美白对虾与鲻鱼混养技术初探 [J]. 科学养鱼（3）：32-33.

胡庚东，宋超，陈家长，等，2011. 池塘循环水养殖模式的构建及其对氮磷的去除效果 [J]. 生态与农村环境学报，27（3）：82-86.

胡晓娟，文国樑，李卓佳，等，2018. 养殖中后期高位池对虾水体微生物群落结构及水体理化因子分析 [J]. 生态学杂志，37（1）：171-178.

黄建新，于业绍，2006. 滩涂贝类围塘健康养殖技术 [J]. 苏盐科技，4：24-25.

江苏省质量技术监督局，2017. DB32/T 3238—2017 淡水池塘循环水健康养殖三级净化技术操作规程 [S]. 北京：中国标准出版社.

江苏省质量技术监督局，2018. DB32/T 1705—2018 太湖流域池塘养殖水排放要求 [S]. 北京：中国标准出版社.

赖格英，于革，2007. 太湖流域 1960 年代营养物质输移的模拟评估研究 [J]. 中国科学院研究生院学报，24（6）：756-764.

李冰，戈贤平，朱健. 一种利用河蚌净化生态沟渠水质的立体悬挂装置，中国，ZL201320363827. X [P]. 2013-12-25.

李冰，朱健，侯诒然. 一种可有效控制池塘蓝藻的新型综合种养型生物浮床，中国，ZL201820152152.7 [P]. 2019-09-06.

李德尚，2007. 水产养殖生态学研究：李德尚论文选集 [C]. 青岛：中国海洋大学出版社.

李健，陈萍，2015. 海水池塘多营养层次生态健康养殖技术研究 [J]. 中国科技成果，3：44-46.

李健，2016. 中国对虾和三疣梭子蟹遗传育种 [M]. 青岛：中国海洋大学出版社.

李胜宽，高永刚，2003. 泥蚶、河豚与南美白对虾混养技术 [J]. 中国水产（1）：59.

李卓佳，蔡强，曹煜成，等，2012. 南美白对虾高效生态养殖新技术 [M]. 北京：海洋出

版社.

李卓佳，周海平，杨莺莺，等，2008. 乳酸杆菌 LH 对水产养殖污染物的降解研究 [J].
农业环境科学学报，27（1）：342-349.

林国明，2004. 滩涂贝类池塘健康养殖技术 [J]. 渔业现代化，5：6-9.

林志华，尤仲杰，2005. 浙江滩涂贝类养殖高产技术模式 [J]. 海洋科学，29（8）：
95-99.

刘波，李红霞，戈贤平，等，2009. 克氏原螯虾的投喂技术 [J]. 科学养鱼，8：64-65.

刘红梅，齐占会，张继红，等，2014. 桑沟湾不同养殖模式下生态系统服务和价值评估
[M]. 青岛：中国海洋大学出版社.

刘家寿，崔奕波，刘建康，1997. 网箱养鱼对环境影响的研究进展 [J]. 水生生物学报，
2：174-184.

刘孝竹，曹煜成，李卓佳，等，2011. 高位虾池养殖后期浮游微藻群落结构特征 [J]. 渔
业科技进展，32（3）：84-91.

吕旭宁，2017. 滤食性贝类规模化养殖的环境效应及可持续生产模式探索 [D]. 上海：上
海海洋大学.

马达文，钱静，刘家寿，等，2016. 稻渔综合种养及其发展建议 [J]. 中国工程科学，18
（3）：96-100.

马雪健，刘大海，胡国斌，等，2016. 多营养层次综合养殖模式的发展及其管理应用研究
[J]. 海洋开发与管理，33（4）：74-78.

麦贤杰，黄伟健，叶富良，等，2009. 对虾健康养殖学 [M]. 北京：海洋出版社.

毛玉泽，李加琦，薛素燕，等，2018. 海带养殖在桑沟湾多营养层次综合养殖系统中的生
态功能 [J]. 生态学报，38（9）：3230-3237.

倪达书，汪建国，1988. 稻田养鱼的理论与实践 [M]. 北京：农业出版社.

宁修仁，胡锡刚，2002. 象山港水域养殖生态特征与主要鱼类养殖容量研究及管理建议
[M]. 北京：海洋出版社.

彭刚，刘伟杰，童军，等，2010. 池塘循环水生态养殖效果分析 [J]. 水产科学，29
（11）：643-647.

强润，洪猛，王家彬，等，2016. 几种种养模式对水稻主要病虫草害的影响 [J]. 农业灾
害研究，6（5）：7-9.

秦培兵，2000. 滤食性贝类对浅海养殖系统生源要素动态的影响 [D]. 青岛：中国科学院
海洋研究所.

秦忠，朱威，2000. 用可持续发展的思路解决太湖污染问题 [J]. 中国水利，5：44-45.

全国水产技术推广总站编，2018. 现代水产养殖趋势特征及典型模式 [M]. 北京：中国农
业出版社.

佀国涵，彭成林，徐祥玉，等，2017. 稻虾共作模式对涝渍稻田土壤理化性状的影响 [J].
中国生态农业学报，25（1）：61-68.

宋颀，田相利，董双林，等，2011. 草鱼混养生态系统能量收支的研究 [J]. 中国海洋大
学学报，41（10）：45-51.

宋宗岩，王世党，周维武，等，2005. 海参养殖技术一刺参虾池生态养殖技术 [J]. 中国
水产（6）：57-58.

粟丽，朱长波，陈素文，2013. 混养罗非鱼对凡纳滨对虾养殖围隔水质因子及浮游植物群

落结构的影响 [J]. 上海海洋大学学报, 22 (5): 698-705.

孙存鑫, 刘波, 周群兰, 2017. 稻虾综合种养模式下克氏原螯虾投喂技术 [J]. 科学养鱼, 340 (12): 33-34.

孙自川, 2018. 稻虾共作下秸秆还田和投食对温室气体排放的影响 [D]. 武汉: 华中农业大学.

唐启升, 2017. 环境友好型水产养殖发展战略: 新思路、新任务、新途径 [M]. 北京: 科学出版社.

唐启升, 方建光, 张继红, 等, 2013. 多重压力胁迫下近海生态系统与多营养层次综合养殖 [J]. 渔业科学进展, 34 (1): 1-11.

唐启升, 2017. 水产养殖绿色发展咨询研究报告 [M]. 北京: 海洋出版社.

陶忠虎, 周浠, 周多勇, 等, 2013. 虾稻共生生态高效模式及技术 [J]. 中国水产, 7: 68-70.

田相利, 李德尚, 2001. 对虾-罗非鱼-缢蛏封闭式综合养殖的水质研究 [J]. 应用生态学报, 12 (2): 287-292.

田相利, 李德尚, 阎希柱, 等, 1999. 对虾池封闭式三元综合养殖的实验研究 [J]. 中国水产科学, 6 (4): 49-55.

王晨, 胡亮亮, 唐建军, 等, 2018. 稻鱼种养型农场的特征与效应分析 [J]. 农业现代化研究, 39 (5): 875-882.

王大鹏, 田相利, 董双林, 等, 2006. 对虾、青蛤和江蓠三元混养效益的实验研究 [J]. 中国海洋大学学报, 36 (增刊): 20-26.

王焕明, 李少芬, 陈浩如, 等, 1993. 江蓠与新对虾、青蟹混养试验 [J]. 水产学报, 17 (4): 273-281.

王吉桥, 罗鸣, 马成学, 等, 2003. 低盐水体南美白对虾与鲢鳙鱼混养的试验 [J]. 水产科学, 22 (6): 21-24.

王吉祥, 唐玉华, 2019. 小龙虾饲料投喂管理技术 [J]. 科学养鱼, 1: 66-68.

王黎凡, 2000. 红罗非鱼与刀额新对虾混养技术 [J]. 淡水渔业, 30 (7): 8-9.

王岩, 齐振雄, 1998. 不同单养和混养海水实验围隔的氮磷收支 [J]. 汕头大学学报 (自然科学版), 13 (2): 71-75.

吴楠, 沈竑, 陈金民, 等, 2013. 稻-虾-鳖共生莫斯虫害防治效果研究及经济效益分析 [J]. 水产科技情报, 40 (6): 285-288.

奚业文, 张玲宏, 2015. 稻虾综合种养试验效益研究 [J]. 河南水产, 1: 20-23.

奚业文, 周洵, 2016. 稻虾连作共作稻田生态系统中物质循环和效益初步研究 [J]. 中国水产, 3: 78-82.

信艳杰, 胡晓娟, 曹煜成, 等, 2019. 光合细菌菌剂产品和沼泽红假单胞菌 (*Rhodopseudomonas palustris*) 对水质因子的作用分析 [J]. 南方水产科学, 15 (1): 31-41.

熊邦喜, 李德尚, 李琪, 等, 1993. 配养滤食性鱼对投饵网箱养鱼负荷力的影响 [J]. 水生生物学报, 17 (2): 131-144.

徐大兵, 贾平安, 彭成林, 等, 2015. 稻虾共作模式下稻田杂草生长和群落多样性的调查 [J]. 湖北农业科学, 54 (12): 5599-5602.

严必福, 2001. 南美白对虾、梭子蟹、缢蛏混养模式 [J]. 中国水产, 11: 65.

杨红生，李德尚，董双林，等，1998. 中国对虾与罗非鱼施肥混养的基础研究 [J]. 中国水产科学，5（2）：35-29.

杨铿，文国樑，李卓佳，等，2008. 对虾养殖过程中常见的优良水色和养护措施 [J]. 海洋与渔业，6：28.

杨莺莺，曹煜成，李卓佳，等，2009. PS1 沼泽红假单胞菌对集约化对虾养殖废水的净化作用 [J]. 中国微生态学杂志，21（1）：4-6.

张彩明，陈应华，2012. 海水健康养殖研究进展 [J]. 中国渔业质量与标准，2（3）：16-20.

张少华，张秀丽，孙爱凤，等，2004. 牙鲆、日本对虾与菲律宾蛤仔池塘混养技术 [J]. 中国水产（4）：55-57.

张延青，张少军，周毅，等，2011. 贝类对海水养殖新源水悬浮物的生物沉积作用 [J]. 农业工程学报，27（8）：299-303.

张振东，王芳，董双林，等，2011. 草鱼、鲢鱼和凡纳滨对虾多元化养殖系统结构优化的研究 [J]. 中国海洋大学学报，41（7/8）：60-66.

中华人民共和国农业部水产司养殖增殖处，中国水产学会科普工作委员会主编，1992. 中国水产综合养殖理论与实践 [M]. 北京：科学普及出版社.

中华人民共和国农业农村部，2001. NY 5051—2001 无公害食品　淡水养殖用水水质 [S]. 北京：中国标准出版社.

Amir N，2011. "Green water" microalgae：the leading sector in world aquaculture [J]. Journal of Applied Phycology，23：143-149.

Beninger PG，Shumway SE，2018. Mudflat Aquaculture. In：Beninger P. （eds） Mudflat Ecology. Aquatic Ecology Series [M]. US：Springer.

Boyd CE，Jason WC，1998. Shrimp aquaculture and the environment [J]. Science American，7：58-65.

Cao YC，Wen GL，Li ZJ，et al.，2014. Effects of dominant microalgae species and bacterial quantity on shrimp production in the final culture season [J]. Journal of Applied Phycology，26（4）：1749-1757.

Chapman ARO，Craigie JS，1977. Seasonal Growth in *Laminaria iongicruris*：Relations with Dissolved Inorganic Nutrients and Internal Reserves of Nitrogen [J]. Marine Biology，40：197-205.

Chopin T，Buschmann AH，Halling C，et al.，2001. Integrating seaweeds into marine aquaculture systems：A key toward sustainability [J]. Journal of Phycology，37（6）：975-986.

Costanza R，d' Arge R，de Groot R，et al.，1997. The value of the world's ecosystem services and natural capital [J]. Nature，387：253-260.

Dumbauld BR，Ruesink JL，Rumrill SS，2009. The ecological role of bivalve shellfish aquaculture in the estuarine environment：A review with application to oyster and clam culture in West Coast (USA) estuaries [J]. Aquaculture，290（3-4）：196-223.

Frei M，Razzak MA，Hossain MM，et al.，2007. Performance of common carp，*Cyprinus carpio* L. and Nile tilapia，*Oreochromis niloticus* （L.） in integrated rice-fish culture in Bangladesh [J]. Aquaculture，262（2-4）：250-259.

Gatesoupe FJ, 1999. The use of probiotics in aquaculture [J]. Aquaculture, 160: 177-203.

Granada L, Sousa N, Lopes S, et al., 2016. Is integrated multitrophic aquaculture the solution to the sectors' major challenges? —a review [J]. Reviews in Aquaculture, 8 (3): 283-300.

Halwart M, Gupa MV, 2004. Culture of Fish in Rice Fields [M]. Italy & Malaysi: FAO and The World Fish Center.

Hu XJ, Wen GL, Xu WJ, et al., 2019. Effects of thealgicidal bacterium CZBC1 on microalgal and microbial communities in shrimp culture [J]. Aquaculture Environment Interactions. 11: 279-290.

Jena J, Das PC, Kar S, et al., 2008. Olive barb, *Puntius sarana* (Hamilton) is a potential candidate species for introduction into the grow-out carp polyculture system [J]. Aquaculture, 280 (1-4): 154-157.

Jiang ZJ, Li JQ, Qiao XD, et al., 2015. The budget of dissolved inorganic carbon in the shellfish and seaweed integrated mariculture area of Sanggou Bay, Shandong, China [J]. Aquaculture, 446: 167-174.

Jin S, Jacquin L, Ren Y, et al., 2019. Growth performance and muscle composition response to reduced feeding levels in juvenile red swamp crayfish *Procambarus clarkii* (Girard, 1852) [J]. Aquaculture Research, 50 (3): 934-943.

Li DS, Dong SL, 2000. Summary of studies on closed-polyculture of penaeid shrimp with fishes and moluscans [J]. Chinese Journal of Oceanology and Limnology, 18 (1): 61-66.

Martínez-Porchas M, Martínez-Córdova LR, Porchas-Cornejo MA, et al., 2010. Shrimp polyculture: a potentially profitable, sustainable, but uncommon aquacultural practice [J]. Reviews in Aquaculture, 2 (2): 73-85.

Neori A, Chopin T, Troell M, et al., 2004. Integrated aquaculture: rationale, evolution and state of the art emphasizing seaweed biofiltration in modern mariculture [J]. Aquaculture, 231 (1-4): 361-391.

Rahman MM, Jo Q, Gong YG, et al., 2008. A comparative study of common carp (*Cyprinus carpio* L.) and calbasu (*Labeo calbasu* Hamilton) on bottom soil resuspension, water quality, nutrient accumulations, food intake and growth of fish in simulated rohu (*Labeo rohita* Hamilton) ponds [J]. Aquaculture, 285 (1-4): 78-83.

Ran ZS, Chen H, Ran Y, et al., 2017. Fatty acid and sterol changes in razor clam *Sinonovacula constricta* (Lamarck, 1818) reared at different salinities [J]. Aquaculture, 473: 493-500.

Ridler N, Wowchuk M, Robinson B, et al., 2007. Integrated multi-trophic aquaculture (IMTA): a potential strategic choice for farmers [J]. Aquaculture Economics & Management, 11: 99-110.

Silva C, Yáñez E, Martín-Díaz, et al., 2012. Assessing a bioremediation strategy in a shallow coastal system affected by a fish farm culture-Application of GIS and shellfish dynamic models in the Rio San Pedro, SW Spain [J]. Marine Pollution Bulletin, 64 (4): 751-765.

Smaal AC, Ferreira JG, Grant J, et al. , 2019. Goods and Services of Marine Bivalves [M]. Springer.

Soto D, 2009. Integrated mariculture: a global review [R]. FAO Fisheries and Aquaculture Technical Paper. No. 529. Rome: FAO.

Tian XL, Li, DS, Dong SL, et al. , 2000. An experimental study on closed-polyculture of penaeid shrimp with tilapia and constricted tagelus [J]. Aquaculture, 202 (3/4): 57-77.

Troell M, Halling C, Neori A, et al. , 2003. Integrated mariculture: asking the right questions [J]. Aquaculture 226: 69-90.

Troell M, Joyce A, Chopin T, et al. , 2009. Ecological engineering in aquaculture — Potential for integrated multi-trophic aquaculture (IMTA) in marine offshore systems [J]. Aquaculture, 297: 1-9.

Wang JQ, Li DS, Dong SL, et al. , 1998. Experimental studies on polyculture in closed shrimp ponds 1. Intensive polyculture of Chinese shrimp (*Penaeus chinensis*) with tilapia hybrid [J]. Aquaculture, 163: 11-27.

Xu WJ, Morris TC, Samocha TM, 2018. Effects of two commercial feeds for semi-intensive and hyper-intensive culture and four C/N ratios on water quality and performance of *Litopenaeus vannamei* juveniles at high density in biofloc-based, zero-exchange outdoor tanks [J]. Aquaculture, 490: 194-202

Zhou Y, Yang H, Zhang T, et al. , 2006. Density-dependent effects on seston dynamics and rates of filtering and biodeposition of the suspension-cultured scallop *Chlamys farreri* in a eutrophic bay (northern China): An experimental study in semi-in situ flow-through systems [J]. Journal of Marine Systems, 59 (1-2): 143-158.

图书在版编目（CIP）数据

多营养层次综合养殖技术模式/全国水产技术推广
总站组编.—北京：中国农业出版社，2021.8（2023.2重印）
（绿色水产养殖典型技术模式丛书）
ISBN 978-7-109-28053-3

Ⅰ.①多… Ⅱ.①全… Ⅲ.①水产养殖 Ⅳ.①S96

中国版本图书馆 CIP 数据核字（2021）第 049475 号

中国农业出版社出版

地址：北京市朝阳区麦子店街 18 号楼
邮编：100125
策划编辑：武旭峰　王金环
责任编辑：王金环
版式设计：王　晨　责任校对：吴丽婷
印刷：北京通州皇家印刷厂
版次：2021 年 8 月第 1 版
印次：2023 年 2 月北京第 3 次印刷
发行：新华书店北京发行所
开本：700mm×1000mm　1/16
印张：12.25　插页：4
字数：260 千字
定价：48.00 元

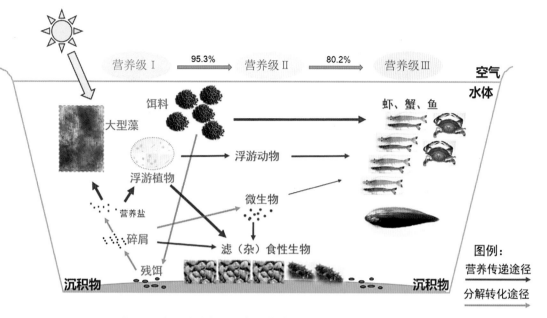

营养级 Ⅰ   95.3%   营养级 Ⅱ   80.2%   营养级 Ⅲ

彩图1　海水池塘虾蟹贝鱼多营养层次生态养殖系统示意图

彩图2　虾蟹养殖池塘和尾水处理系统区域划分示意图

彩图3　草鱼−鲢−凡纳滨对虾养殖模式优化实验围隔

彩图4　山东滨州低盐水养殖池塘

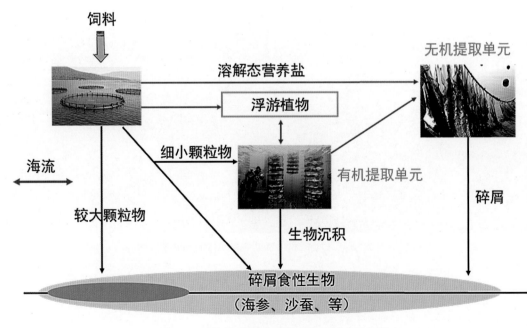

彩图5　浅海多营养层次综合养殖模式示意图

彩图6　象山港多营养层次综合养殖示范区（网箱养殖局部）

彩图7　象山港多营养层次综合养殖示范区（海带养殖局部）

彩图8　象山港多营养层次综合养殖示范区（龙须菜养殖局部）

彩图9 深澳湾海水养殖实景图

彩图10 深澳湾鱼-贝-藻多营养层次综合养殖系统

彩图11 深澳湾太平洋牡蛎筏式吊养

彩图12 深澳湾龙须菜筏式平养

彩图13 深澳湾紫菜插桩养殖

彩图14 滩涂贝类围塘级联式养殖模式池塘布局现场图

彩图15　湖北地区的"回"形池种青养鱼池塘
（冬季干塘后池底中央种植青饲料）

彩图16　常见青饲料种植种类
A.黑麦草　B.苏丹草

彩图17　池埂青饲料刈割

彩图18　青饲料投喂

彩图19　洪湖种青养殖模式示范点（冬季清塘后的养殖池塘）

湿地滤料

再力花 梭鱼草 美人蕉

湿地植物

彩图20 复合垂直潜流人工湿地所用滤料和植物图

彩图21 江苏武进水产养殖场池塘循环水养殖模式整体布局示意图

图片来源于国家大宗淡水鱼产业技术体系